泥炭土的固结与沉降

NITANTU DE GUJIE YU CHENJIANG

冯瑞玲　彭　博　吴立坚◎著

2024·北京

内容简介

本书内容基于国家自然科学基金面上项目"路堤下泥炭土地基的固结机理及沉降计算方法研究"的研究成果和作者长期的相关研究积累,在国内外泥炭土研究成果的基础上,对泥炭土的固结试验方法、固结特性、本构模型、地基沉降计算方法以及地基处置技术进行了系统、全面的论述,书中详细分析了泥炭土固结、渗透、模型试验以及原位沉降检测的数据与变化规律,深入探究了泥炭土沉降变形产生的机理,系统分析对比了泥炭土地基的多种处置方法。

本书适合铁路科研院所、铁路设计院所相关人员及高校相关专业师生参考,也可供高速公路相关科研、设计人员参考。

图书在版编目(CIP)数据

泥炭土的固结与沉降/冯瑞玲,彭博,吴立坚著. —北京:
中国铁道出版社有限公司,2024.1
ISBN 978-7-113-30848-3

Ⅰ.①泥… Ⅱ.①冯… ②彭… ③吴… Ⅲ.①泥炭土-
固结(土力学)②泥炭土-沉降(土建) Ⅳ.①S155.5

中国国家版本馆 CIP 数据核字(2024)第 001095 号

书　名:	泥炭土的固结与沉降
作　者:	冯瑞玲　彭　博　吴立坚

策　划:	刘　霞	编辑部电话:	(010)51873405	电子邮箱:	604105550@qq.com
责任编辑:	刘　霞				
封面设计:	崔丽芳				
责任校对:	刘　畅				
责任印制:	樊启鹏				

出版发行:中国铁道出版社有限公司(100054,北京市西城区右安门西街 8 号)
网　　址:http://www.tdpress.com
印　　刷:北京盛通印刷股份有限公司
版　　次:2024 年 1 月第 1 版　2024 年 1 月第 1 次印刷
开　　本:787 mm×1 092 mm　1/16　印张:10.5　字数:220 千
书　　号:ISBN 978-7-113-30848-3
定　　价:85.00 元

版权所有　侵权必究

凡购买铁道版图书,如有印制质量问题,请与本社读者服务部联系调换。电话:(010)51873174
打击盗版举报电话:(010)63549461

前　言

随着我国"一带一路"倡议不断推进,高速铁路在我国西南地区及东南亚部分国家的修建需求进一步增长,而泥炭土在这些地区分布广泛。由于线路平顺性等要求无法绕避泥炭土地层较多的区域时,对于浅层泥炭土地层可以通过换填的方式进行处理,而对于深层泥炭土地层,换填难度大、成本高,受限于泥炭土固结机理、沉降计算方法以及处置技术的不足,泥炭土地层的处置方法仍存在较多问题。

目前,泥炭土的固结研究多以传统思路为主,其固结试验方法、固结特性分析、本构关系以及沉降计算方法等建立在一般软土的框架基础上,但其变形特征与一般软土存在较大差异,导致地基沉降分析结果不理想;使用无机结合料的泥炭土地基的处置方法仍需进一步研究,使用有机结合料对泥炭土地基的处置效果尚需进一步探索。

当前,国内外关于泥炭土的研究较多,研究方向也较宽泛,但针对泥炭土地基成体系的分析以及研究成果仍非常稀缺。本书基于国家自然科学基金项目"路堤下泥炭土地基的固结机理及沉降计算方法研究"(51778048)和中央高校基本科研业务费专项资金项目"复杂条件下泥炭土的蠕变机理研究"(2022JBZY006)的研究成果,凝练了笔者近十年的研究成果,在总结、提出泥炭土固结与沉降基础理论的同时,针对地基沉降计算以及工程处置措施也提供指导建议,其内容在国内外该领域研究中处于领先水平,学术价值和应用价值显著。

本书由冯瑞玲、彭博、吴立坚著,叶晨参加了第4章的研究工作,张振豪、韩志杰参加了第5章的研究工作,韦康参加了第7章的研究工作,徐金鹏参加了第8章的研究工作。

由于作者水平有限,书中难免存在不足之处,敬请读者批评指正!

著　者

2023 年 10 月

目　　录

第1章　绪　　论 ·· 1
1.1　研究背景及意义 ··· 1
1.2　国内外研究现状 ··· 2
1.2.1　泥炭土的工程特性 ·· 2
1.2.2　泥炭土单向固结试验方法研究现状 ························ 4
1.2.3　泥炭土固结特性研究现状 ···································· 5
1.2.4　泥炭土渗透特性研究现状 ···································· 7
1.2.5　泥炭土固结机理研究现状 ···································· 8
1.2.6　泥炭土本构模型研究现状 ·································· 10
1.2.7　泥炭土地基沉降计算方法研究现状 ······················ 13
1.2.8　泥炭土地基处置技术研究现状 ···························· 14
1.3　存在的问题 ·· 16
1.4　本书主要研究内容 ·· 17

第2章　泥炭土的单向固结试验方法 ······································· 18
2.1　试验温度 ·· 18
2.1.1　低荷载时温度的影响 ·· 18
2.1.2　高荷载时温度的影响 ·· 20
2.2　试验水环境 ·· 21
2.2.1　麝香草酚对泥炭土物质组成的影响 ······················ 21
2.2.2　麝香草酚对泥炭土固结特性的影响 ······················ 23
2.3　试样高度 ·· 27
2.3.1　试验方案 ··· 27
2.3.2　试验结果分析 ·· 27
2.4　变形稳定标准 ··· 32
2.4.1　变形时间 ··· 32
2.4.2　变形量 ·· 33

2.5 加荷比 ··· 34

第3章 泥炭土的固结特性 ··· 38

3.1 泥炭土的固结阶段 ··· 38
3.1.1 试验内容及方案 ··· 38
3.1.2 泥炭土固结阶段研究 ··· 39

3.2 泥炭土各固结阶段的特性 ··· 44
3.2.1 持续时间 ··· 44
3.2.2 变形量占比 ··· 47
3.2.3 应变速率 ··· 50

3.3 纤维含量的影响 ··· 52
3.3.1 试验方案 ··· 52
3.3.2 纤维含量影响分析 ··· 54

第4章 泥炭土的渗透特性 ··· 56

4.1 竖向渗透特性及渗透各向异性 ··· 56
4.1.1 竖向渗透特性 ··· 56
4.1.2 渗透各向异性 ··· 57

4.2 固结过程中竖向渗透系数的变化规律 ··· 58
4.2.1 渗透系数随固结压力的变化规律 ··· 58
4.2.2 渗透系数随时间的变化规律 ··· 59
4.2.3 不同固结阶段渗透系数变化规律 ··· 61

第5章 泥炭土的固结机理 ··· 66

5.1 泥炭土微观结构变化规律 ··· 66
5.1.1 原状泥炭土微观形貌及孔隙类型 ··· 66
5.1.2 不同荷载等级下泥炭土中的孔隙变化规律 ··· 69

5.2 泥炭土中不同种类水的变化规律 ··· 74
5.2.1 泥炭土热重曲线特征分析 ··· 74
5.2.2 不同种类水的分阶段变化规律 ··· 76
5.2.3 自由水与结合水的比值规律 ··· 79

5.3 泥炭土中有机质的变化规律 ··· 81
5.3.1 烧失量变化规律分析 ··· 81

  5.3.2 总氮含量变化规律分析 ··· 83
 5.4 泥炭土排水引起的变形比例 ··· 85

第 6 章 泥炭土一维蠕变固结理论 ··· 93
 6.1 泥炭土固结三阶段变形的性质 ··· 94
 6.2 泥炭土的黏弹塑性本构关系 ··· 96
  6.2.1 Yin&Graham 时间线模型 ··· 96
  6.2.2 基于时间线模型泥炭土的黏弹塑性本构关系 ··· 98
 6.3 泥炭土一维蠕变固结模型及求解方法 ··· 103
  6.3.1 一维蠕变固结模型 ··· 103
  6.3.2 一维蠕变固结方程的半解析解法 ··· 105
  6.3.3 一维蠕变固结方程的简化解法 ··· 108

第 7 章 泥炭土地基沉降规律与计算方法 ··· 112
 7.1 泥炭土地基沉降规律 ··· 112
  7.1.1 模型试验概况 ··· 112
  7.1.2 模型土的配制 ··· 113
  7.1.3 沉降数据分析 ··· 115
 7.2 泥炭土地基沉降计算方法 ··· 118
  7.2.1 分层总和法 ··· 118
  7.2.2 压缩模量取值方法对泥炭土地基沉降计算的影响 ··· 118
  7.2.3 考虑蠕变及固结三阶段的分层总和法 ··· 121
 7.3 泥炭土分阶段分层总和法计算验证 ··· 123

第 8 章 泥炭土地基处理技术 ··· 126
 8.1 无机结合料处置泥炭技术 ··· 126
  8.1.1 试验材料 ··· 126
  8.1.2 试样制备及养护 ··· 127
  8.1.3 试验方案 ··· 128
  8.1.4 试验结果分析 ··· 129
 8.2 EICP 法处置泥炭技术 ··· 135
  8.2.1 试验材料 ··· 136
  8.2.2 试样制备及养护 ··· 136

8.2.3　试验方案 ································· 137
　　8.2.4　试验结果分析 ····························· 139
8.3　EICP联合无机结合料综合处置泥炭技术 ············· 144
　　8.3.1　试样的制备及养护 ························· 145
　　8.3.2　试验方案 ································· 145
　　8.3.3　试验结果分析 ····························· 146

参考文献 ·· 153

第1章 绪 论

1.1 研究背景及意义

泥炭土(泥炭和泥炭质土)是指植物死亡后在沼泽湖泊中沉积形成的松散、富含水分的有机质聚积物,除南北两极及部分永久冰冻层覆盖区域,在全球其余地区皆有分布,约占地球总面积的5%~8%。北美地区分布的泥炭地占总面积的43.54%,亚洲占28.08%,欧洲占24.02%,世界主要国家或地区的分布面积见表1-1。我国泥炭土分布也十分广泛,约4.2万 km²,集中分布在西南地区和东北山地地区,在华北平原、长江中下游、东南沿海等地也有较多分布,约64%的泥炭土分布在云南、四川、安徽、黑龙江。

表1-1 世界主要国家泥炭地分布情况

国家或地区名称	泥炭土面积/10⁵ km²	占国土面积的比例/%
加拿大	150	15
苏联	150	6.7
美国	60	6.3
印度尼西亚	17	14
芬兰	10	34
瑞典	7	20
中国	4.2	0.4

泥炭土中有机质含量大于10%,最高可达98%,是一种特殊的腐殖质土。根据GB 50021—2001《岩土工程勘察规范》规定,有机质含量在5%~10%之间称为有机质土,有机质含量10%~60%之间的土称为泥炭质土,其中,10%~25%为弱泥炭质土,25%~40%为中泥炭质土,40%~60%为强泥炭质土,有机质含量大于60%的土称为泥炭。TB 10038—2022《铁路工程特殊岩土勘察规程》使用了相同的分类标准。ASTM(D4427-23)标准使用了纤维含量和灰分(烧失量)为主的分类体系,可以更加详细地区分不同性质的泥炭土。

泥炭土是一种较为特殊的软土,其含水率最高可以达2 000%,远高于一般软土,其性质与软土类似却又不完全相同,具有天然含水率高、天然孔隙比大、压缩性高、天然容重小以及渗透性强等特点。在部分工程中,由于泥炭土地层处于较深的位置,无法实现换填,易出现工后沉降量大、沉降持续时间长等问题。如加拿大一处泥炭土地基上的路堤,沉降量超过 7 m。日本宫崎县一条高速公路,在包含泥炭土的超软沉积物地层上填筑的路堤,4 年测得沉降量超过 11 m。中国云南某高速公路地基中含有泥炭土层,开通运营 5 年累计沉降量约 1.3 m,且沉降仍然在快速发展。究其原因,主要是泥炭土中水的缓慢排出,以及有机质的不断分解,导致地基在较长时间内产生大量沉降,但目前对泥炭土的固结特性、固结机理等问题的研究尚不完善。

泥炭土在我国西南地区分布广泛。作为川藏铁路的主要途经地区,同时是"一带一路"倡议中连接东南亚各主要国家的对外窗口,西南地区的工程质量影响着我国发展与对外形象,所以,开展泥炭土的固结及沉降研究,掌握泥炭土的沉降规律,对完善地基处置方法以及建设高标准的高速铁路、高速公路具有重要意义。

1.2 国内外研究现状

1.2.1 泥炭土的工程特性

泥炭土在世界范围内的分布较为广泛,形成原因也各有不同,在气候、植被类型、沉积年代以及地下水环境等因素的影响下,离散性较显著,导致不同地域的泥炭土的性质具有差异。国外对泥炭土的研究已经有了近半个世纪的历史,通过查阅国内外文献,泥炭土具有如下特点:

(1)天然含水率高

泥炭土的天然含水率极高。Ajlouni 曾测得泥炭土的含水率最高达 2 000%,测得马来西亚泥炭土的含水率平均值为 700%;Samir Hebib 测得爱尔兰中部地区泥炭土的天然含水率超过 1 200%;蒋忠信测得昆明滇池泥炭土含水率为 470%;赵朝发测得杭州江洋畈生态公园内堆积的西湖疏浚泥炭土含水率高达 350%;冯瑞玲等在研究草甸土的过程中总结了国内外泥炭土的含水率和密度的关系,如图 1-1 所示,可以看出不同地区的泥炭土的含水率变化范围极大,总体来看含水率均较高。

(2)有机质含量高

泥炭土主要包含有机质成分,颜色呈黑色。有机质含量以及分解程度的高低直接影响着土体结构以及泥炭土的力学特性。徐其富通过对滇池泥炭土的研究,发现滇池泥炭土有机质含量范围在 10.5%~84.1%。

(3)天然孔隙比大,压缩性高

由孔隙比的特性可以较为直观的认识泥炭土与一般软土的差异,Hanrahan 测得泥炭土

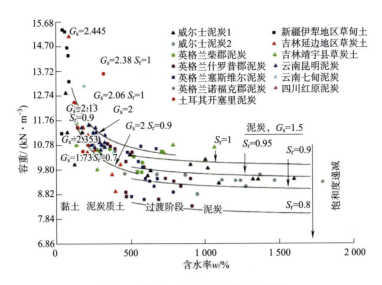

图 1-1　泥炭土容重-含水率分布曲线

的孔隙比变化范围为 5～15，而纤维质泥炭土的孔隙比高达 25。Mesri 和 Ajlouni 研究了天然泥炭土的压缩性，是软黏土的 5～20 倍，这一现象可能是其较高的含水率以及存在大量的有机质所造成的。较高的孔隙比导致泥炭土具有较高的压缩性，同时孔隙间的连通性也随之增大，引起渗透性的增强。

(4) 天然容重、颗粒相对密度小

泥炭土相对密度指标的特点与天然密度相似，与有机质含量呈反比关系。Ajlouni 测得 Middleton 泥炭土相对密度介于 1.3～1.8。冯瑞玲等测得新疆维吾尔自治区泥炭土的容重为 13.3～15.7 kN/m³，相对密度为 2.35～2.54。徐其富通过试验测得滇池泥炭土天然容重最小值 9.6 kN/m³，平均值为 11.36 kN/m³，最大值为 14.6 kN/m³，自然状态的泥炭土容重与水相近。

(5) 渗透能力强

一般情况下，泥炭土渗透性较一般软土更高。Mesri 等人在试验中发现泥炭土具有很高的初始渗透性，渗透系数为一般软土的 100～1 000 倍。Edil 测得泥炭土的渗透系数高达 1×10^{-1} cm/s 量级，基本与砂土相近，并指出泥炭土的渗透系数，在随孔隙比减小而减小时的速率也超过一般黏土。Colley 测得泥炭土渗透系数超过 1×10^{-3} cm/s。冯瑞玲等在对新疆维吾尔自治区草甸土的研究中发现昭苏县草甸土的渗透系数在 1.102×10^{-4}～1.283×10^{-4} cm/s 范围内。

泥炭土在固结过程中，渗透系数随压力变化的速率呈现出急剧下降的特点。Hobbs 测得纤维质泥炭土在固结过程中，当孔隙比减少为二分之一时，渗透系数急剧下降了 3 个数量级。Boelter 指出渗透性不仅决定了固结速率，同时影响着土体的抗剪强度。桂跃等发现泥炭土的渗透系数与初始孔隙率、烧失量、纤维含量等均存在相关性。

(6) 抗剪强度变化范围大

Simonetta 和 Giampaol 研究了意大利的正常固结泥炭质土和超固结泥炭质土的力学特性，提出二者的有效内摩擦角分别是 43°和 49°。对于原状土，会在应变 14% 时出现峰值，随后进入临界状态，而重塑土没有明显的峰值，在应变 12% 时达到临界状态。重塑土在 25% 和 50% 峰值强度时的弹性模量分别为 3~10 MPa 和 2~8 MPa。此外，原状泥炭土内摩擦角相对密度塑试样大 14°~23°，且无论是重塑泥炭质土还是原状泥炭质土，在进入临界状态时均有轻微剪胀现象。

蒋忠信通过室内试验测得泥炭土黏聚力 c 的变化范围为 17.41~22.01 kPa，内摩擦角 φ 的变化范围 7.5°~11.1°，强度较一般软土更低。徐其富通过快剪试验，测得泥炭土黏聚力 c 的变化范围为 12~21.1 kPa，内摩擦角 φ 的变化范围为 4.1°~8.1°。张益铭通过试验，提出新疆草甸土具有良好的抗剪特性，黏聚力为 40 kPa 左右，内摩擦角为 25°~29°，与细粒土和粗粒土相近。刘飞测量了吉林敦化的有机土的分解程度，分析了其部分侧压条件下的固结剪切特性，结果表明有机质含量及分解程度直接影响土体的抗剪强度。

1.2.2 泥炭土单向固结试验方法研究现状

对于泥炭土的单向固结试验，国内仍然采用一般土体的试验方法，在 GB/T 50123—2019《土工试验方法标准》、JTG 3430—2020《公路土工试验规程》、TB 10102—2010《铁路土工试验规程》中均未进行特殊规定。但国内外的一些学者，已经研究了试样高度、浸泡的水环境、试验温度、变形稳定标准、加荷比等因素对泥炭土单向固结特性的影响。

Long 在其论文中提到了试样高度对泥炭土固结过程的影响，对比了高度为 20 mm 和 50 mm 的试样分别在 20 kPa（屈服应力）和 80 kPa（远大于屈服应力）压力时的固结过程，发现在 20 kPa 时 50 mm 高度试样的应变远小于 20 mm 高度的试样，同时其主固结阶段持续时间更长，当荷载为 80 kPa 时，差别几乎不存在。因此，Long 建议使用 50 mm 高度的试样完成泥炭土的单向固结试验。Carslten 针对瑞典的泥炭土使用了 45 mm 高度的试样，Janbu 使用高度为 50 mm 的试样对挪威的泥炭土进行一维固结试验，Lefebvre 选择了 38 mm 高度的试样对加拿大的泥炭土进行了试验研究。

因为泥炭土长期深埋于地下，处在潮湿且恒温的环境中，土壤中富含有机质与霉菌，取出后氧气变得充足，霉菌大量繁殖，会分解土壤中残留的有机质，对需要长时间加载的单向固结试验结果影响显著。Mesri 在试验中发现将泥炭土无论是置于空气或者是水中均会加速泥炭土的分解，导致室内固结试验与工程实际相差较大，并率先使用质量分数为 1% 的麝香草酚溶液控制泥炭土固结过程中的有机质分解。韩世忠等论证了麝香草酚溶液可以控制环境中霉菌的繁殖。

温度会改变水的动力黏滞系数，进而影响渗透性，在渗透试验中，会对此进行修正。而在固结试验中，由于试样尺寸较小，一般软土的含水率又很低，水的黏滞性差异对固结排水的影响较小,所以现有标准未对固结试验时的温度进行规定。但对于泥炭土而言,土样本身具有较高的含水率,且含有较多的有机质,温度所带来的影响也变得不可忽略。Fox 发现泥炭土的次固结系数与试验过程中的温度有着紧密联系,当试样温度降低时,次固结系数也随之降低,这种变化会产生一个类似于预固结的作用,为此引入了蠕变温度系数。Hanson 通过试验得到了温度升高能够加速泥炭土固结的结论。Mesri 在其研究中控制了试验时的气温与水环境温度。

泥炭土的变形会以较低的速度持续较长时间,所以,变形稳定标准与一般软土也应有所差异,否则将无法获得准确的蠕变量。桂跃针对泥炭土进行单向固结试验时,采用的变形稳定标准为 0.02 mm/d。高彦斌等针对泥炭土进行单向固结试验时,采用了 0.05 mm/d 的变形稳定标准。彭博针对大理地区的强泥炭质土,对比分析了变形稳定标准分别为 0.01 mm/h、0.01 mm/d 时,主、次固结变形量的比值变化规律。结果表明,当变形稳定标准为 0.01 mm/h 时,强泥炭质土的主、次固结变形量的比值为 6.8~7.4;当延长固结时间、采用变形稳定标准为 0.01mm/d 时,次固结持续发展,变形稳定后,主、次固结变形量的比值为 1.16~1.23,二者最大相差了约 6.2 倍。

Madaschi 通过对意大利 Trentino 和 Tyrol 地区的泥炭土进行研究,提出加荷比影响着泥炭土的固结过程,若加荷比较高,重塑泥炭土的次固结系数的大小和变化规律与原状样一致。Acharya 通过分析加拿大 Alberta 地区的泥炭土的试验数据,对比了加荷比为 0.2~1.0 的变化规律,认为一般软土的蠕变变形的假设,即体积蠕变速率的变化与加载条件无关,不适用于纤维泥炭土。桂跃分析了加荷比对固结系数的影响,得出了加荷比不是影响固结的主要因素的结论。

综上所述,目前对泥炭土单向固结试验的试样高度、浸泡的水环境、试验温度、变形稳定标准、加荷比等已经进行了一些有益的探索,但是尚未提出针对泥炭土单向固结试验的系统的控制条件。

1.2.3 泥炭土固结特性研究现状

1. 泥炭土固结阶段研究现状

国内外研究者对于泥炭土的研究由来已久,在 20 世纪 60 年代,研究人员就发现泥炭土的固结过程与一般软土有明显差别。Lea 和 Brawner 提出泥炭土的次固结阶段持续时间远超过一般软土。MacFarlane 通过统计加拿大的泥炭土研究数据,提出泥炭土主固结阶段持续时间短,主固结阶段和次固结阶段区分十分困难。20 世纪 80 年代,Wilson 提出泥炭土的沉降量主要来自次固结阶段,在主、次固结阶段后可能存在第三、第四固结阶段。Edil 和 Dhowian 建议将泥炭土在次固结阶段 $e\text{-lg}\,t$ 曲线再次变陡的阶段命名为第三固结阶段。Andersland 对比了加拿大泥炭地基加荷后的沉降数据与单向固结试验数据,发现泥炭地基主固结阶段在加载 10~20 d 后完成,与室内试验计算结果相近,但现场次固结沉降超过了

800 d，验证了泥炭土次固结阶段持续时间长的特点。Candle 同样建议使用三个阶段对泥炭土的固结过程进行划分。在 20 世纪末、21 世纪初，研究人员不断尝试提出泥炭土的固结划分方法，如能登繁辛将北海道泥炭的沉降与时间对数曲线划分为两部分，将初期的陡直线段称为主固结阶段，后半部（$t=100\sim1\,000$ min）表现出的与时间对数成比例的缓直线段称为次固结阶段。Huat 等根据时间与应变双对数曲线，将泥炭土的固结过程分为主固结、次固结和第三固结阶段。Malinowska 在对泥炭土的次固结阶段进行研究后，认为次固结速率在逐渐减慢后，应引入第三固结阶段来描述后续固结过程。Özcan 也提出泥炭土的固结过程应该使用三个阶段进行划分。

国内研究人员针对泥炭土的研究起步较晚，成体系的成果最早见于《滇池泥炭土》，但其并未对泥炭土的固结过程进行分析。近年来，国内因为西南、东北地区的工程逐渐增多，研究人员也更多地关注到泥炭土的固结过程。桂跃等研究了滇池地区泥炭土的次固结特性，提出高原湖相泥炭土具有典型的反 S 曲线特征，固结过程可根据两阶段分析。许凯通过研究云南省滇池地区的高分解度泥炭土，认为其 $e\text{-lg}\,t$ 曲线与天然沉积黏土类似。王志良等通过研究滇池地区的泥炭土，发现无论是原状样还是扰动样，均可以在较短时间内完成大部分压缩。彭博建议云南大理泥炭土的固结过程可划分为三个阶段。

2. 泥炭土固结规律研究现状

一般通过固结系数、次固结系数以及变形比例等参数描述土体的固结变形过程。Fox 提出泥炭土主固结阶段完成时间短，主要变形发生在次固结阶段，建议主固结完成时间按孔压消散时间计算，且长期变形可用次固结系数描述。Long 总结了爱尔兰泥炭土的研究成果，提出泥炭土是复杂的各向异性材料，现有室内试验方法高估了固结系数以及主固结阶段变形量，低估了蠕变速率与次固结阶段变形量。桂跃通过试验提出泥炭土的固结系数与固结压力有关，在固结压力小于 100 kPa 时，固结系数随着压力增大迅速减小，当压力大于 100 kPa 时逐渐趋于稳定。彭博提出泥炭土的固结系数在低应力条件下与有机质含量成正相关，应力增大后，固结系数趋于稳定。次固结系数则随荷载增大先迅速增大，后缓慢减小。李育红通过研究滇池湖相泥炭土，提出泥炭土的固结系数随荷载增大逐渐减小，次固结系数随荷载的增大先增大后减小，而后再次增大后再次减小至稳定。韦康针对大理地区路堤下泥炭土地基进行模型试验后，提出淤泥质土、强泥炭质土和泥炭的主、次固结变形量比值分别为 2∶1、1∶1 和 2∶3。

综上所述，目前对泥炭土的固结特性已经开展了大量研究，也取得了显著的研究进展。但是，目前对泥炭土固结阶段的认识尚不统一，部分研究人员提出泥炭土的固结过程应该划分为三个阶段。对于固结规律的研究，目前主要集中在主、次固结系数的变化规律方面，尚未见到固结三阶段的划分方法及其固结特性的分析指标的研究。

1.2.4 泥炭土渗透特性研究现状

渗透系数反映渗透性的强弱,影响着土体的固结变形规律,尤其对于含水率较高的泥炭土,渗透系数的变化在固结变形的分析中尤为重要。因此,研究人员从渗透系数的变化范围、渗透各向异性、固结压力对渗透系数的影响等方面开展了大量研究。

1. 渗透系数变化范围研究现状

O'kelly 对爱尔兰五种原状泥炭土样的竖向渗透系数测试结果显示,爱尔兰泥炭土室内试验渗透系数为 $10^{-9} \sim 10^{-10}$ cm/s。徐燕测得泥炭土竖向渗透系数数量级在 $10^{-3} \sim 10^{-6}$ cm/s 之间。赵华测试所得泥炭土的竖向渗透系数数量级为 $10^{-4} \sim 10^{-5}$ cm/s。现有研究成果表明,泥炭土竖向渗透系数的数量级为 $10^{-3} \sim 10^{-10}$ cm/s,变化范围非常大,其变化范围跨越了细砂、粉砂到淤泥的全部范围。

2. 渗透各向异性研究现状

Mesri 等发现美国威斯康星州、加拿大魁北克地区纤维泥炭土的渗透系数具有明显的各向异性特征,浅层泥炭土的水平向渗透系数为垂直向的 3～5 倍,深层泥炭土的水平向渗透系数为垂直向的 10 倍左右。Elsayed 发现马萨诸塞州一处泥炭土的水平向渗透系数为垂直向的 10 倍左右。O'kelly 发现爱尔兰泥炭土水平向渗透系数为垂直向渗透系数的 2.5 倍。Dhowian 发现美国威斯康星州地区泥炭土的水平向渗透系数可以达到垂直向渗透系数的 300 倍以上。叶晨通过测量大理西湖浅层泥炭土的水平向和垂直向渗透系数,发现其比值在 2～17。徐燕、赵华、汪之凡、毛文飞、Sutejoa 等也发现泥炭土的水平向渗透系数大于垂直向渗透系数。

从已有的研究成果可以看出,各个地区泥炭土的水平向渗透系数均大于垂直向渗透系数,表现出显著的各向异性,这已成为共识。但比值的大小仍存在明显差异,从现有研究来看,其数值范围具有显著的区域性。这主要是因为水文、地质和植物种类等因素对泥炭土的形成产生了影响,使泥炭土的组成、结构等存在较大差异,导致其渗透性的差异。

因为泥炭土的渗透系数具有明显的各向异性和区域性差异,在富含泥炭土的地区进行公路、铁路等基础设施建设时,除了需要着重考虑垂直向渗透系数对变形和稳定性的影响外,不应忽略水平向渗透系数的影响。

3. 固结压力对渗透系数的影响

泥炭土的水平向和竖直向渗透系数均随着固结荷载的增大而不断减小。毛文飞、付坚、叶晨、许凯等研究人员提出,当固结荷载低于 100 kPa 时,泥炭土竖向渗透系数会随着固结荷载的升高急剧下降,当固结荷载超过 100 kPa 后,渗透系数下降速度逐渐减小。余志华发现当荷载小于 200 kPa 时,竖向渗透系数随荷载的增大迅速下降,当荷载大于 200 kPa 后,下降速度减小。桂跃提出泥炭土的竖向渗透系数随固结荷载的增大非线性减小。徐燕发现泥炭土的竖向与水平向的渗透系数都随固结压力的增大而减小。Dhowian提出在泥炭土的固结过程中,渗透系数会随着固结荷载的增大快速下降,当孔隙比减小超过50%时,渗透系数降低了3个数量级。叶晨发现在固结荷载达到100 kPa时,泥炭土试样的竖向渗透系数下降了2个数量级。

上述研究成果表明,泥炭土的渗透系数会随着荷载显著变化,所以在计算泥炭土地基的固结变形时,应该考虑渗透系数随固结压力的变化特性。

4. 纤维含量、分解度的影响

研究人员研究了纤维含量、分解度等因素对泥炭土渗透特性的影响。Dhowian根据美国威斯康星州不同纤维含量的泥炭土的试验结果,提出在相同固结压力时,泥炭土的纤维含量越高,其渗透系数降低幅度越大。Boelter根据明尼苏达州北部原状泥炭土渗透试验结果,分析了泥炭土的渗透系数随纤维含量的变化规律,提出二者具有对数线性关系。徐燕、汪之凡、Wong、毛文飞等研究表明,泥炭土的渗透性会随着分解度的增大而降低,但若分解度已经超过60%,则影响不再明显。

泥炭土的渗透系数变化范围大,渗透特性具有显著的各向异性和区域性特点,固结压力、纤维含量、分解度等因素对渗透特性有显著影响已经达成共识,但渗透系数在不同固结阶段的变化规律则需进一步深入研究。

1.2.5　泥炭土固结机理研究现状

与淤泥、淤泥质土等一般软土相比,泥炭土具有固结变形量大、固结变形时间长的特点。随着研究不断深入,泥炭土的主固结完成快、次固结完成时间长、次固结变形量占比大也已基本达成共识。通过扫描电镜、压汞试验等,从泥炭土的微观形貌、孔隙类型、泥炭土中水的变化规律等方面研究了固结机理。

1. 微观结构研究现状

关于泥炭土的微观形貌,Mesri的观察结果表明,加拿大海湾地区纤维质泥炭土中的植物含有较多孔隙结构,并且植物纤维组成交织的网状形貌。Santagata等对Celery沼泽南部的无定型泥炭土的微观形貌进行了研究,其有机质含量为40%~60%,纤维含量为2.3%,腐殖酸含量为23.71%,土样中植物残体较少,含有较多微小孔隙。Marvin提出相较于无定型泥炭土,纤维质泥炭土中含有更多孔隙结构,其纤维结构也更加明显。黄俊的研究结果表明,七甸地区泥炭土的主要结构形式为黏土矿物片、植物残体构成的架空结构,结构连接为有机质连接,黏土矿物片往往被有机质包裹,且腐殖质呈疏松的微小球粒状。蒋忠信的研究发现云南高原泥炭土微观结构主要为蜂窝结构、架空结构和球状结构,结构之间主要靠有机质和水膜联结,结构疏松多孔。张留俊提出苏州地区泥炭土含有较多管状植物和藻类残体,土中孔隙直径为0.01~0.022 mm,孔隙体积超过矿物颗粒体积。周乔勇提出石家庄地区泥炭土的微观结构主要包括微团聚体、团粒等形貌,土颗粒呈平直的板状及管状,孔隙尺寸呈正态分布,土颗粒孔径范围为 1~5 μm,土中架空孔隙孔径可达 10~30 μm。刘飞通过扫描电子显微镜对草炭土的微观形貌进行了研究,发现随着分解度增大,试样的架空状结构越不明显,孔隙逐渐减少。张振豪通过扫描电镜观察了泥炭土固结过程中的结构变化,提出植物残体间的架空孔隙在主固结阶段压缩明显,而植物残体内部孔隙在次固结阶段压缩较为明显。

2. 固结过程中水的变化规律研究现状

不同地区泥炭土的含水率均较高,且变化范围很大。已有的资料显示,国内外泥炭土的含水率变化范围在 100%~2 000%之间。

谢尔盖耶夫认为泥炭土固结变形主要由排水引起,主固结是宏观孔隙水的排出,次固结则是微观孔隙水的排出。Jong 提出泥炭土的主固结阶段是大孔隙中的水的排出过程,次固结阶段则是微孔隙中的水排到大孔隙中的过程。Jong 的结论得到了 Dhowian 和 Edil 的验证,即泥炭土的固结过程是先排出大孔隙中的水,而后微孔隙中的水排入大孔隙。Hobbs 提出泥炭的固结过程包括孔隙水的排出和固体颗粒的结构重排,这两个过程在早期同时发生,但随着过量孔隙水压力下降到很小的值,微孔的结构重排和水向大孔的排出引起了泥炭土的蠕变过程。Lopez 提出泥炭土的孔隙应分为有机物间的"宏观孔隙"和有机质内部的"微观孔隙",提出应该通过相变模型分析泥炭土的固结过程。Liu 提出泥炭土和褐煤均富含有机物,在固结过程中会产生甲烷等气体,以气泡形式存在于土骨架中,导致其固结过程不再符合太沙基固结理论。Huat 认为马来西亚 Sarawak 出现了严重的地面沉降主要是上部荷载引起泥炭地层过度排水所导致的。

桂跃提出泥炭土单向固结试验中,次固结阶段的变形主要由土骨架的变形引起,而原状土的土骨架刚度又与结构性及密度相关。桂跃还提出泥炭土在天然状态时,存在大量团聚体、有机质胶体和碳化纤维植物残体,土颗粒未形成骨架承担荷载。开始加荷后,大孔隙中的水首先排出,土团聚体逐渐压缩承担荷载,起到类似土骨架的作用,超静孔压逐渐消散,此时主固结阶段结束。随后微孔隙开始排水,荷载越大,排出速度越快,当压缩至土骨架稳定形成后,次固结阶段结束。方坤斌提出泥炭土中有机质相的压缩不可忽略,有机质相的压缩与土体固结渗流的耦合模型更符合泥炭土固结特性。李育红等通过研究滇池湖相泥炭土,提出了低压力、中压力、高压力和超高压力荷载条件下的泥炭土的变形过程,发现泥炭土在不同荷载下的主、次固结阶段变形与不同种类水的排出相关。吴谦、冯志刚也提出泥炭土的次固结变形过程与强结合水和弱结合水膜的变化、结构重新排列有关。彭博提出泥炭土的次固结阶段仍有较多的水排出,与有机质的分解一同导致次固结阶段的长时间变形。

3. 有机质含量对固结的影响

由于泥炭土中含有大量有机质，其中的植物残体往往具有丰富的孔隙结构，植物分解产生的腐殖酸等高分子有机质具有较高的吸水性和吸附性。因此，有较多学者从有机质含量的角度出发，对泥炭土的固结机理进行了研究。

Macfarlane 对泥炭土开展的试验研究表明，泥炭土的次固结阶段变形速率较高，变形量显著，超过总沉降的 60%。Wilson 与 Bell 都发现非晶质泥炭土表现出较大的次固结，导致其沉降量较大。黄俊对七甸地区泥炭土的工程性质进行了研究，同时对该地区泥炭土的有机质含量进行了测量，结果表明，泥炭土的压缩性随着有机质含量增加和分解度降低逐渐增大。蒋忠信通过研究发现，泥炭土压缩系数随有机质含量增加而线性增加，压缩系数虽然与分解度的关系并不显著，但是分解度较大的泥炭土压缩系数较小。桂跃对滇池和大理地区泥炭土进行了试验研究，提出泥炭土固结系数和次固结系数随荷载变化的规律与其结构性相关，而泥炭土中的有机质对矿物质颗粒的包裹作用，使得土粒节点固化无法发生，是泥炭土结构性弱的原因。方坤斌提出有机质应作为泥炭土中的第四相，建立了有机质孔隙比等概念，提出固结时有机质的压缩变形不可忽略。冯瑞玲通过试验提出有机质含量越高，泥炭土的次固结变形占比越大，次固结变形持续时间长与泥炭土中的有机质在取样后分解速度加快有关。彭博通过试验提出温度对泥炭土的固结变形量具有较大影响，且影响会随有机质含量升高而增大。吕岩提出有机质含量越高，草炭土的压缩性越大。

综上所述，目前对泥炭土的微观形貌、固结过程中水的变化规律及有机质对固结过程的影响等已开展了一些研究，发现泥炭土中普遍存在架空结构，且架空孔隙的孔径比土颗粒间孔隙的孔径更大；泥炭土固结变形主要由排水引起，主固结是宏观孔隙水的排出，次固结则是微观孔隙水的排出；泥炭土的压缩性随着有机质含量增加和分解度降低而增强。但总体来讲，关于泥炭土固结过程中微观结构的变化规律的研究仍在探索阶段，缺乏泥炭土在固结过程中微观孔隙变化规律的定量研究；关于固结过程中水的变化规律，则缺乏不同固结阶段自由水或结合水含量的变化对泥炭土固结过程的影响的研究；关于有机质含量的影响，则缺乏不同固结阶段有机质变化规律的研究。

1.2.6 泥炭土本构模型研究现状

本构模型是反映土体应力、应变和时间等之间相互关系的数学表达式集合，可描述土体在不同应力应变水平等条件下的力学行为。泥炭土的本构模型主要包括两种：基于太沙基有效应力原理的本构模型、将泥炭土的岩土特性与物理性质（如含水量、孔隙比、分解程度）相关联的经验模型。

在固结和蠕变的关系上存在两种假设，即相继开始（假设 A）或同时开始（假设 B），如图 1-2 所示，但两种假设均提出主固结阶段的变形是孔隙水压力消散引起的。在假设 A

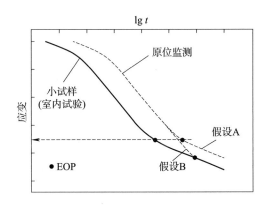

图 1-2 两种蠕变过程假设示意

中,超静孔隙水压力消散引起的应变与蠕变引起的应变先后发生,并预测在实验室和现场条件下,主固结结束 EOP(end of primary consolidation,EOP)时的有效应力和孔隙比与原位相同,而假设 B 则提出蠕变发生在土样固结的全过程中。

在假设 A 和 B 的基础上可以得到两类模型,第一类主要是建立在主固结阶段和次固结阶段相继发生的基础上,使用次固结系数 C_α 表示次固结阶段的变形速率。Waber 通过试验提出泥炭土符合 C_α/C_c 法则,即同一土体的次固结系数 C_α 与压缩系数 C_c 的比值会稳定在一定的范围内,并提出比值在 0.075~0.085。Mesri 也证明了此规律对于泥炭土的适用性,但提出比值的范围在 0.05~0.07。Lefebvre 在 1984 年提出 C_α/C_c 比值过于分散,并不具有明显的规律。Fox 也提出这一准则的测定过于主观,并不适用于泥炭土。

支持假设 A 的研究人员提出蠕变速率与总应变速率相关,是应力大小和有效应力变化速率的函数,即有效应力、应变和应变速率在主固结阶段没有唯一的函数关系。但 Landva 和 Pheeney 通过微观研究方法提出假设 B,即固结过程和蠕变过程几乎是同时开始的。Edil 等人在对 Middleton 泥炭土的研究过程中发现,孔隙率、有效应力和孔隙率变化率之间具有唯一的关系,即假设 A 不适用于泥炭土。

根据假设 B 提出的第二类模型主要是考虑了蠕变的黏弹塑性模型。MacFarlane 和 Radforth 提出泥炭土可分为无定型泥炭土和纤维泥炭土,无定型泥炭土主要由胶体颗粒组成,孔隙水大部分吸附在颗粒周围;纤维泥炭土为开放结构,次生封闭结构主要为非木质纤维材料内部孔隙。Berry 和 Poskitt 根据该分类,分别提出了两种不同的本构模型。首先,对于无定型泥炭土,其蠕变原理与黏土相似,即随着固结产生的压缩,土壤骨架破裂,固体颗粒逐渐重新调整为更稳定的排列方式,采用 Gibson 和 Lo 提出的流变模型,但使用了非线性弹簧模拟土壤的非线性压缩,公式见式(1-1),模型如图 1-3 所示。而对于纤维泥炭土,Berry 基于 Adams 提出的大孔和微孔概念,提出了使用双太沙基固结模型分别模拟大孔隙和微孔隙(图 1-4),使用达西渗流定律模拟水从微孔隙至大孔隙的流动过程的模型,并在实验室中验证了两种模型。Edil 和 Mochtar 同样提出可以使用 Gibson 和 Lo 提出的流变模型对泥炭土的应变进行计算。

$$\varepsilon(t)=\Delta\sigma[a+b(1-e^{-(\lambda/b)t})] \tag{1-1}$$

式中　$\Delta\sigma$——应力增量；
　　　t——时间；
　　　a——固结系数；
　　　b——次固结系数；
　　　λ/b——次固结速率因子。

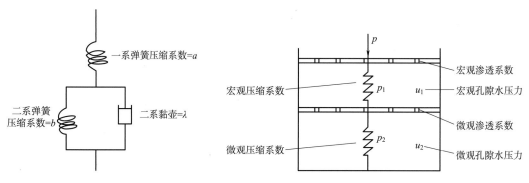

图 1-3　次固结流变模型　　　　图 1-4　Berry 和 Poskitt 的纤维泥炭土蠕变模型

泥炭土的概化模型虽然可以描述泥炭土的主固结阶段和次固结阶段变形的特征，但是无法描述泥炭土应变随时间的变化特征。所以有研究人员使用时间线理论，分析泥炭土的应变特征。Taylor 通过总结试验数据，提出了软土的应变随时间和应力变化曲线，Šuklje 在此基础上，提出的基于等速线理论来描述黏性土压缩的速率效应，认为孔隙率的变化率主要受到孔隙率的大小和有效应力的影响，这成为时间线理论最初的基础。Bjerrum 首次提出时间线模型的概念，通过一系列平行线描述软土蠕变规律的模型。Yin 和 Graham 完善了黏性土的时间线模型，假定在正常固结区，给定应力-应变状态下的蠕变应变率是唯一的，在该蠕变应变率下，应变与有效应力对数、应变与蠕变应变率对数之间存在线性关系。Den-Haan 提出了泥炭一维压缩的 abc 固结模型，模型假定应变、有效应力和蠕变应变率之间存在着特定的关系。在 abc 固结模型中，总应变率是直接应变率（有效应力变化引起的应变）和蠕变应变率的组合。O'Loughlin 采用 abc 模型预测泥炭的一维蠕变行为，提出使用 Hencky 的应变和自然应变率，以及等距概念对泥炭是有效的，但是 abc 模型不适用于超固结泥炭土，因为固结过程中的等距线既不平行也不线性。在随后的研究中，Boumezerane 和 Yang 等基于临界状态理论提出了泥炭土本构模型。

国内对泥炭土本构模型的研究起步较晚。熊恩来分析了不排水三轴试验的结果，在邓肯-张以及 K-G 模型的基础上，提出了泥炭土的非线弹性模型。吕俊青根据昆明地区泥炭土的研究数据,将泥炭土的蠕变变形分为线性黏弹性变形、线性粘塑性变形和非线性黏塑性变形,并对线性模型和非线性模型分别建立了理论模型和幂函数形式的经验模型。吕岩等基于大量三轴试验结果和神经网络理论,提出了考虑分解度影响的泥炭土本构模型。张扬建立了泥炭土的弹塑性本构关系。苏占东根据加载准则和应力路径等效原理建立了泥炭土应力路径本构模型。陈海应采用幂函数建立了泥炭质土应变与应力、时间的非线性经验模型。付英杰根据经典的弹塑性修正剑桥模型,结合过应力理论建立了泥炭土的弹黏塑性模型。

综上所述,泥炭土的应变持续时间长,具有黏弹塑性的应力应变关系特征,现有研究中部分本构模型并未考虑泥炭土长时间的蠕变过程,导致变形预测不准确。另一部分考虑蠕变的泥炭土的本构关系因为使用的参数仍参考软土,不能很好地描述泥炭土的实际固结过程,所以存在计算不准确或原理不清晰的问题。

1.2.7　泥炭土地基沉降计算方法研究现状

已有研究表明泥炭土沉降变形大,沉降持续时间长,沉降过程与一般软土有着明显差异,给预测带来了较大难度。有研究人员通过土性参数拟合沉降曲线的方法,提出了多种经验公式,如能登繁幸分析了泥炭质土的 S-t 曲线,提出了根据荷载和含水率计算地基沉降的方法。Haan 提出根据初始含水率、烧失量和应力估算泥炭地基总沉降的拟合公式,在 Huat 的综述文章中得到验证。Acharya 等根据泥炭土室内固结试验、三轴试验的数据以及路堤沉降的现场测量数据,提出了基于 Hill 方程估计最大可能应变的三参数法。赵佳成使用 SPSS 软件,对泥炭土地基沉降过程进行了多元线性回归分析,提出了基于压缩指数、次固结系数等参数的泥炭土地基沉降计算公式。

也有研究人员尝试修正现有计算方法,以提高泥炭土地基沉降计算精度。Han 通过分析泥炭土地基沉降观测数据,提出泥炭土的固结度在 180 d 内达到 90% 以上,以此为据调整了太沙基固结渗流微分方程,并对地基沉降进行计算,得出计算误差在 −11.9~4.9 cm 之间。张留俊对比了泥炭土和淤泥的次主固结比的差异,提出有机土次固结系数与次主固结比呈正相关,建议在地基沉降计算时,使用平均次固结系数代替次固结系数。沈世伟提出使用改进准等时距模型预测草炭土地基沉降,预测误差远小于传统模型,且具有较高的中短期预测精度。

除此之外,随着计算机技术的发展,大量研究人员还通过软件模拟泥炭土地基的沉降过程。Brinkgreve 使用 ABAQUS 软件中的 Mohr-Coulomb 模型和修正 Cam-clay 模型,模拟了荷兰 Rotterdam 地区正常固结的泥炭和黏土层上路堤加宽的工况,获得了较为合理的预测结果,但 Brinkgreve 认为参数的选择对模拟结果影响较大。Endra 和 Dayu 分析了 Kalimantan Island 中部纤维泥炭路堤的现场监测数据,使用 PLAXIS 软件建立了符合 Mohr-Coulomb 准则的理想弹塑性模型、双曲线 Hardening-Soil 模型,结果表明,两种模型均可以较好地模拟路堤中心的沉降结果，但不能准确模拟坡脚处的沉降。Yong 根据美国一条高速公路泥炭土地基的沉降数据，使用 PLAXIS 软件，基于软土蠕变模型(SSC)，提出了能模拟动力作用的有限元计算方法。Tyurin 等针对 Arkhangelsk 地区的泥炭，同样使用 PLAXIS 软件与软土蠕变模型(SSC)进行长期沉降模拟，通过对比模拟与实测数据，认为软土蠕变模型(SSC)可以较为准确的模拟泥炭土的固结过程。Fox 和 Edil 通过建立离散元模型模拟泥炭质土的沉降，通过添加束状材料模拟泥炭土中的有机质，并将其推广至二维情况，在模拟过程中能够较好地反应泥炭土的弹性与流变特性。

国内方面，李宛霓使用 ADINA 有限元软件模拟了新疆维吾尔自治区吐坡公路试验段工况，结果表明，草甸土地基坡脚以内路基下沉，坡脚以外则多为向上隆起，而且随着深度的增加，沉降和隆起都在减小，同时，随着时间的增加，沉降逐渐增大，而隆起则先增大后减小。赵朝发等监测了杭州江洋畈生态公园泥炭质土地基上人行木栈桥沉降及泥炭质土地表沉降，在使用 PLAXIS 对泥炭质土的长期沉降趋势进行预测后，提出江洋畈生态公园泥炭质土沉降将会在填筑 20 年后趋于稳定。石星根据新疆维吾尔自治区地区草甸土的物理力学性质和工程地质条件，使用 ABAQUS 软件对路堤下草甸土地基的沉降规律和破坏模式进行了数值模拟分析，发现改变草甸层厚度、黏聚力后，地基沉降和地基破坏模式几乎没有变化。赵佳成使用 PLAXIS 有限元软件，采用软土蠕变模型(SSC)模拟路堤下泥炭土地基的沉降特性，发现工况相同时，主固结完成时间随地基中有机质含量的增加而缩短，次固结沉降量占比随有机含量的增大而增大。

综上所述，泥炭土地基的沉降过程与一般软土有着明显差异，其沉降量大、沉降持续时间长，部分沉降计算方法可以准确预测短时间内的沉降，但仍存在较为明显的缺陷，一方面现有方法多为数据拟合方程，在数据取样点单一的情况下，存在较大的地区局限性，无法推广。另一方面，修正现有计算方法的研究由于泥炭土的固结机理尚不清晰，所以并不能从原理上解释修正的原因。所以，如何正确描述泥炭土的沉降过程，提出准确、简单的泥炭土地基的长期沉降的计算方法仍有待研究。

1.2.8　泥炭土地基处置技术研究现状

国内外学者尝试了多种固化手段提高泥炭土的强度及承载能力，如通过在土壤中添加无机结合料，或利用生物技术对泥炭土的力学性能进行改善等。

1. 无机结合料加固技术

Yusof 将熟石灰与池灰(粉煤灰和炉底灰的混合物)混合后加入泥炭土中，分别浸水 0 d、3 d 和 7 d，试验结果表明，随着池灰和熟石灰含量的增加，试样的强度逐渐增大，其中掺加 9% 熟石灰和 5% 池灰的试样的强度提高了 32%。Wang 以水泥为主要的胶凝材料，选择石膏、粉煤灰、生石灰粉、三乙醇胺、氢氧化钠、碳酸钠、3 mm 的建筑废料作为添加剂，通过无侧限抗压强度测试结果提出固化剂的掺量公式。Mohamed 以含水率、有机质含量、纤维含量、相对密度和 pH 值为测试指标,提出了将地聚合物柔性催化剂与粉煤灰结合对泥炭进行改性的方法,处置后,泥炭的无侧限抗压强度随粉煤灰掺量显著提高。Abdel-Salam 使用由黏土质硅藻土、碳酸钙、石灰和水组成的混合固化剂对泥炭土进行处置,无侧限抗压强度最高提高至 4 200 kPa。Dehghanbanadaki 研究了水泥和不同天然填料对泥炭土稳定性的影响,提出配比为水泥 300 kg/m³、砂 125 kg/m³、湿泥炭质量 125 kg/m³ 时,养护 90 d 后无侧限抗压强度最高。Wong 验证了使用稻壳灰(稻壳经碾磨后燃烧产生的火山灰物质)替代部分水泥稳定泥炭的有效性,在最佳配合比时,能够起到增加泥炭稳定性的作用。Ahmad 验证了使用棕榈油燃烧灰部分替代普通硅酸盐水泥稳定泥炭土的可行性,提出燃烧灰的掺量不应超过水泥,否则会导致试样强度下降。Paul 研究了水泥对印度地区泥炭的稳定和改善作用,提出掺入水泥明显提高了泥炭土的强度,抵消了有机质含量的影响,降低了酸度的影响。X 射线衍射分析证实了水化硅酸钙(CSH)、水化铝酸钙(CAH)和钙矾石的形成是硬化过程的真正原因。Binh 提出使用水泥和 0.5% 的硅酸钠对泥炭土进行改性处置,其强度有显著提高,而当硅酸钠掺量过高,试样强度反而会下降。

Wong 使用钠基膨润土,氯化钙,硅酸盐复合水泥(PCC)和硅砂作为固化剂,研究了钠基膨润土在稳定泥炭方面的应用,提出钠基膨润土替代 10% PCC 的泥炭试样,无侧限抗压强度值最高。

国内对于泥炭土的处置方法也开展了研究,郑鹏飞提出使用水泥和废石膏联合加固后泥炭土的强度可以比单纯用水泥加固提高 3~6 倍。蒋卓吟提出对于较低含水率的泥炭土,使用无机结合料的固化效果良好,固化后的试样强度最高可以达到 2 MPa 以上。王竟宇使用红黏土和机制砂对部分泥炭土进行置换,再掺加水泥和石膏等固化剂,置换固化后的强度最高可达 1 MPa 以上。王荣使用水泥作为固化剂,对高含水率的泥炭土进行加固,固化后泥炭土的无侧限抗压强度值随水泥掺量的增加呈线性增长,但随有机质含量的增大而降低。刘超以水泥作为主固化剂,生石灰、石膏、玄武岩纤维作为外加剂,对滇池泥炭质土进行固化,三种外加剂固化效果相近,固化后试样的无侧限抗压强度最高为 500~600 kPa。

2. 生物加固技术

微生物诱导碳酸钙沉淀(以下简称 MICP)以及脲酶诱导碳酸钙沉淀(以下简称 EICP)方法,机理简单,快速高效,容易控制,具有很多传统加固方法不具备的优势。目前,该技术主要用于砂土及粉土加固方面,加固效果良好,相关研究成果较多。运用这两种技术固化泥炭土的研究尚处于起步阶段。

Canakci 使用 MICP 方法对低强度和高压缩性泥炭进行了固化试验,处置后的试样中碳酸钙沉淀重量接近 16%,通过直剪试验验证了碳酸钙沉淀对泥炭颗粒的胶结作用。Ramadhan 使用 EICP 法对泥炭土进行了处理,处理后试样的无侧限抗压强度提高了 38%~48%。Hata 通过对 EICP 法处置泥炭后产生的脲酶和相关细菌进行了分析,提出脲酶的加入增加了碳酸钙的沉淀,使得无侧限抗压强度达到 50 kPa 以上,同时铵离子浓度的增加提高了泥炭的 pH 值。

综上所述,目前的固化手段一定程度上改善了泥炭土的力学性能,但仍然存在不足,如无机结合料加固泥炭土地基的强度提高不显著,环境污染严重;生物固化技术在泥炭土加固方面的应用研究需进一步探索等。

1.3　存在的问题

现有研究表明,针对泥炭土已经开展了大量的研究,并取得了很多有意义和探索性的成果,泥炭土的固结与沉降已被越来越多的人关注,在特殊土的工程特性发展中的地位也在逐步加强。目前研究中仍存在问题有待进一步解决。

(1)需要系统研究泥炭土的单向固结试验方法。不同学者对泥炭土单向固结试验的试样高度、浸泡的水环境、试验温度、变形稳定标准、加荷比等分别进行了一些有益的探索,但是尚未提出针对泥炭土单向固结试验完整的控制条件。

(2)需要统一对泥炭土固结阶段的认识,提出固结三阶段的划分方法及相关的固结参数。部分研究成果显示泥炭土和一般土体一样,其固结过程可划分为主、次两个固结阶段,也有研究成果显示泥炭土的固结过程应该划分为三个固结阶段,甚至可能出现第四固结阶段。因此需要系统研究泥炭土的固结特性,统一对泥炭土固结阶段的认识。

(3)需要进一步明确泥炭土的固结机理。缺乏泥炭土在固结过程中微观孔隙结构变化规律的定量研究,不同固结阶段自由水或结合水含量的变化规律及与泥炭土固结过程的关系、不同固结阶段有机质含量的变化规律等均需进一步研究。

(4)需要建立考虑泥炭土蠕变的固结理论。提出了一些可以描述泥炭土应力应变关系的本构方程,但部分本构模型未考虑泥炭土长时间的蠕变过程,另一部分考虑蠕变的泥炭土的本构关系因为使用的参数仍参考软土,不能很好地描述泥炭土的实际蠕变固结过程,所以存在计算不准确或原理不清晰的问题。

(5)需要进一步提高泥炭土地基沉降计算的精度。现有泥炭土地基的沉降计算方法多为数据拟合方程,在数据量有限的条件下,存在较大的地区局限性,无法推广。此外,由于泥炭土的固结机理尚不清晰,修正沉降计算方法的研究并不能从原理上解释修正的原因。所以,如何正确描述泥炭土的沉降过程,提高泥炭土地基长期沉降的计算精度仍有待研究。

(6)需要加强生物技术固化泥炭土的应用研究。虽然采用无机结合料加固泥炭土能够提高其强度,但对环境污染较为严重;生物加固技术目前主要用于砂土及粉土加固,用于加固泥炭土地基的研究尚处于起步阶段,研究成果也较少,需要进一步加强。

1.4 本书主要研究内容

针对泥炭土的固结与沉降特性研究中存在的上述问题,本书主要开展了以下研究。

(1)分析单向固结试验的试样高度、浸泡的水环境、试验温度、变形稳定标准、加荷比等参数对不同种类泥炭土固结特性的影响等研究成果,提出适合泥炭土单向固结试验的控制条件。

(2)针对典型泥炭土开展单向固结试验,并收集已有的泥炭土的单向固结试验结果,分析有机质含量、固结压力等参数对泥炭土 d-$\lg t$ 曲线的影响,提出泥炭土固结三阶段的划分方法,并分析各个固结阶段的固结特性。

(3)利用智能渗压仪,对典型泥炭土开展渗透固结试验,研究泥炭土的渗透系数在各个固结阶段的变化规律。

(4)通过扫描电镜、热重分析、烧失量测试、土壤养分测试等试验,研究典型泥炭土在固结过程中的微观结构、自由水与结合水、有机质含量、总氮含量等的变化规律,揭示泥炭土的固结机理。

(5)通过单向固结试验测得泥炭土固结过程中不同阶段应力应变关系和卸载后的回弹变形量,分析各阶段的应变性质,在 Yin&Graham"时间线"模型基础上,建立泥炭土的一维蠕变固结理论。

(6)通过路堤下不同种类泥炭土地基的模型试验,获得模型地基沉降数据,并与收集到的地基沉降监测数据进行对比,研究泥炭土地基的沉降规律;通过分离不同阶段沉降量,在分层总和法的基础上,提出泥炭土地基沉降计算方法。

(7)通过在典型泥炭土中掺加水泥、石灰等无机结合料,或运用 EICP 方法以及无机结合料与 EICP 相结合的方法对泥炭土进行固化处理,研究泥炭土地基的处置技术。

第 2 章 泥炭土的单向固结试验方法

不同学者对泥炭土单向固结试验的试样高度、浸泡的水环境、试验温度、变形稳定标准、加荷比等分别进行了一些有益的探索,但是尚未提出针对泥炭土单向固结试验的系统的控制条件。本章即针对泥炭土单向固结试验的研究现状,选择典型泥炭土,开展试验温度、浸泡的水环境、试样高度、变形稳定标准等对固结特性的影响,探究泥炭土单向固结试验的控制条件。

由于泥炭土在形成过程中,受到外界环境因素(如水文、地质、植物等)的影响,使得土体在微观结构、有机质成分、工程特性等方面均产生一定差异,表现出明显的区域性。即使在同一区域范围内,工程性质也可能存在差异。因此,虽然本书试验所用泥炭土、淤泥质土均取自云南大理西湖、昆明地区,但为充分体现泥炭土的差异性,每一章试验所用泥炭土均在各章单独列出其基本工程性质参数。

云南大理地区的取样点位于云南省大理市西湖景区附近和洱源县县城内,西湖景区附近取样深度为 0~2 m,采用人工开挖与套桶取样相结合的方式进行取样。洱源县城钻孔取样深度为 1~6 m。云南省昆明市钻孔取样深度为 14~40 m。

2.1 试验温度

2.1.1 低荷载时温度的影响

为探究温度对泥炭土固结的影响,根据试验土样的取样深度,选择接近原位应力的 12.5 kPa 和大于原位应力的 25 kPa 作为连续固结的两级试验荷载。

同时,为对比不同有机质含量土样受到温度影响的情况,选择不同有机质含量的两组土样进行相同条件的对照试验,两个试样的基本土性参数及试验方案见表 2-1。

表 2-1 温度影响试验的土样基本参数(低荷载)

编号	含水率/%	容重/(kN·m^{-3})	烧失量/%	名 称	荷载等级/kPa 及加荷时间/h
TL1	217.14	10.68	58.50	强泥炭质土	12.5(79)—25(79)
TL2	62.36	14.6	11.35	弱泥炭质土	12.5(79)—25(79)

试验过程中,在每级加荷 24 h 后,选取一天内温度波动较大的早 8:00 至下午 5:00 每小时读取数据一次,并使用 JDC-2 型测温仪测量环境温度,两次相邻温度平均值作为单位小时平均温度,每级连续监测 79 h。试验数据如图 2-1 所示。

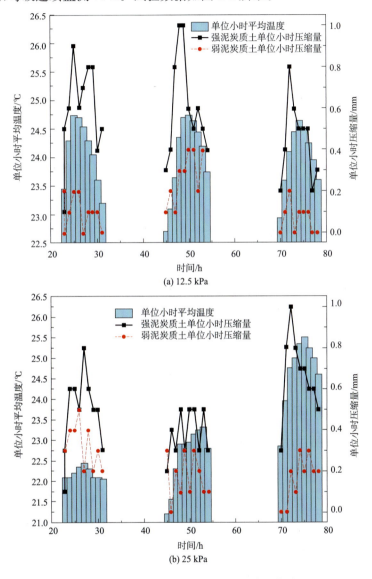

图 2-1 低荷载时温度-单位小时压缩量曲线

首先,在低荷载条件下,温度对泥炭土的变形过程有着显著的影响。从单位小时压缩量的变化趋势可以看出,随着气温的升高与降低,泥炭土的压缩量也随之升高和降低,并在温度峰值处出现压缩量峰值,在长达 79 h 的试验中,这一特性表现得十分明显。12.5 kPa 荷载时,从强泥炭质土的变化可以看出,在第 25 h、49 h 和 72 h 温度达到峰值 24.8 ℃、24.7 ℃、24.2 ℃ 的同时,单位小时压缩量也基本达到峰值的 9×10^{-3} mm/h、1×10^{-2} mm/h、8×10^{-3} mm/h;

在 25 kPa 荷载时,温度在第 27 h、42 h、74 h 达到峰值 22.5 ℃、23.3 ℃、25.4 ℃,单位小时压缩量基本也达到峰值 8×10^{-3} mm/h、5×10^{-3} mm/h 和 7×10^{-3} mm/h。与此同时,随着时间的推移,第 72 h 的单位小时压缩量由于温度的升高,超过第 23 h 的单位小时压缩量,这种随温度波动的变形速率一定会影响泥炭土试验数据的准确性。

然后,温度对泥炭土固结变形过程的影响随着有机质含量的增大而增大。对比图 2-1 中强、弱泥炭质土的压缩曲线可以看出,虽然二者均随温度变化而变化,但弱泥炭质土的压缩量与温度的正相关性较差,出现了多个峰值,且压缩量明显小于强泥炭质土,表明温度对泥炭土固结过程的影响随着有机质含量的增加而增大。

2.1.2 高荷载时温度的影响

从前文可以得出结论,在 12.5 kPa、25 kPa 的较低的原位应力条件下,温度对泥炭土固结变形产生了较大的影响,但固结试验最终会加载至 800 kPa,本节对大应力条件下温度对固结试验产生的影响情况进行探究。选择从 12.5 kPa 开始,正常加载至 800 kPa 的两个固结试样,试样基本土性参数见表 2-2。

表 2-2 温度影响试验的土样基本参数(高荷载)

编号	含水率/%	容重/(kN·m^{-3})	烧失量/%	名称	荷载等级/kPa 及加荷时间/h
TH1	251.06	10.68	66.51	泥炭	12.5(24)—25(24)—50(24)—100(24)—200(24)—400(24)—800(53)
TH2	222.25	11.17	55.84	强泥炭质土	12.5(24)—25(24)—50(24)—100(24)—200(24)—400(24)—800(53)

在 800 kPa 荷载正常固结 24 h 后继续按照日间(高温)、夜间(低温)分两个时间段测量至 53 h,结果如图 2-2 所示。

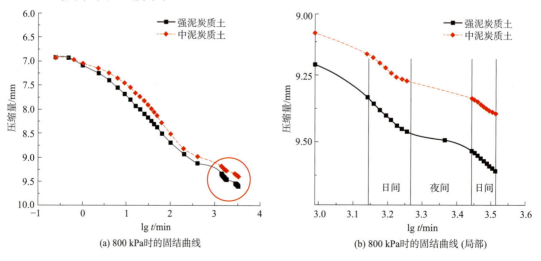

(a) 800 kPa 时的固结曲线　　(b) 800 kPa 时的固结曲线 (局部)

图 2-2 高应力时温度对压缩量的影响试验数据

从图 2-2(b)固结曲线局部图中可以看出在高应力时,温度对泥炭土固结的影响仍然存在。在一昼夜内,日间平均温度为 27 ℃,强泥炭质土的平均压缩速度为 1.8×10^{-2} mm/h,弱泥炭质土的平均压缩速度为 1.4×10^{-2} mm/h,明显高于在平均温度为 21 ℃ 的夜间,压缩速度分别为 4×10^{-3} mm/h 和 5×10^{-3} mm/h。当温度再次升高后,土样的压缩速度再次加快为 9.3×10^{-3} mm/h 和 7.1×10^{-3} mm/h,这个快-慢-快的过程说明夜间压缩速度的减缓不是因为时间的发展产生的,而是由温度的变化引起的。同时还可以看出,对于有机质含量更高的强泥炭质土,其高、低温条件下压缩速度的变化更大,所以在高应力条件下,温度对泥炭土压缩量的影响也会随有机质含量的增大而增大。

2.2　试验水环境

根据 Mesri 的研究,在固结试验中使用 1‰ 的麝香草酚溶液可以有效减少微生物活动引起的有机质分解,即可以减少温度、氧气暴露与 pH 值变化引起的微生物群落的繁殖。为此,本节主要探究麝香草酚(Thymol)溶液在泥炭土固结过程中的作用。Mesri 在文章中将麝香草酚溶液倒入固结盒浸泡饱和试样进行试验,但并未给出具体数据分析。本节在此基础上对比、探究另一种方法,即试验开始前在试样上下表面喷淋,并在固结过程中使用相应溶液浸泡过的棉布进行保湿。通过对比相关参数,分析两种方法的差别以及使用效果。对于测试泥炭土中有机质是否产生分解以及分解的程度,通过查阅农学相关文献,选择总氮含量(TN)和烧失量作为表征泥炭土固结前后有机质变化的指标。

2.2.1　麝香草酚对泥炭土物质组成的影响

由于泥炭土的蠕变量大、蠕变时间长,为更好地研究变形全过程中有机质的分解情况及麝香草酚的作用,部分试样在正常固结连续加载 7 d 后,最后一级荷载继续加载至 60 d 左右。在试验前、后分别测得其烧失量与总氮含量进行对照。麝香草酚溶液采用浸泡法和喷淋法加入,试验方案也同样针对两种方法进行分别对比讨论。

1. 烧失量

烧失量按照 JTG 3430—2020《公路土工试验规程》中的规定进行测定,设置灼烧温度为 950 ℃ 的,反复灼烧 0.5 h 至相邻两次质量差小于 0.5 mg 为止。由于烧失量在测量时会由于土样不均匀、取样位置的不同而受到影响,所以在削样后,充分搅拌每个土样上下层的废土,提高烘干、研磨土样的质量,并进行充分混合后进行测量,每组进行两次试验取平均值,以减少偏差。同时,在试样卸载后,将试样全部研磨,并且充分混合后,测量其烧失量,作为试验后的数据。计算结果见表 2-3。

表 2-3 烧失量测量数据

编号		S1	S2	S3	S4	S5	S6	S9	S7	S8	S12	S13	J1	J2
麝香草酚质量分数/%		0	0.5	1	1	0	1	0	1	0	1	0	1
荷载等级/kPa 及加荷时间		12.5—25—50—100—200—400—800(每级 24 h)							12.5(24 h)—25(24 h)—50(24 h)—100(24 h)—200(24 h)—400(24 h)—800(53 d)					
烧失量/%	试验前	41.84	42.64	41.84	40.2	33.02	41.13	61.55	33.14	48.84	66.51	55.84	56.46	55.78
	试验后	51.08	35.29	31.42	37.83	30.14	32.10	59.93	37.65	35.63	44.18	37.56	35.19	47.89
减少量/%		−9.24	7.35	10.42	2.37	2.88	9.03	1.62	−4.51	13.21	22.33	18.28	21.27	7.89

注:除 J1、J2 为浸泡外,其余采用喷淋的试验方法。

根据已有研究,植物凋落物在分解过程中会释放 CO_2 以及溶解有机碳(DOC)。Ngao 通过对法国东部土壤的研究发现,森林凋落物的分解对土壤 CO_2 排放的贡献率达 10%。而 CO_2 的释放必然导致试样有机质含量的减少,从表 2-3 中数据可以看出,除个别试验组(S1、S7)出现了试验后烧失量增大的情况外,其余各组均符合试验后有机质减少的规律,分析增大的原因,可能是由于土样不均匀所导致的,故在接下来的分析中将 S1、S7 作为误差点去除。将表 2-3 中数据,按照固结时间 7 d 和 60 d 分别绘图,以试验前后的烧失量差值为纵坐标,并以纵坐标轴为是否使用麝香草酚的界限,左右分别绘出散点图,如图 2-3 所示。

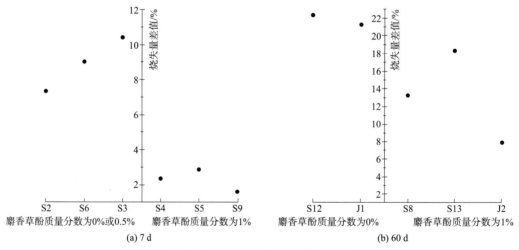

(a) 7 d

(b) 60 d

图 2-3 试验前后烧失量差值对比图

从图 2-3 中可以看出,无论是 7 d 的固结试验,还是延长至 60 d 的试验,使用质量分数为 1% 的麝香草酚溶液处理过的土样,在试验前后烧失量的差值均小于未使用的对照组,且差值较为明显,这可以从宏观角度说明使用麝香草酚溶液可以在固结试验过程中减少泥炭土中有机质凋落物的分解,且作用较为明显。

同时,从图 2-3(a)、(b)的对比中可以看出,固结 60 d 的试验组烧失量的差值明显大于 7 天试验组,说明固结时间越长有机质减少的越多,并且从 J1、J2 与 S12、S13 的对比中可以看出,浸泡组是否使用麝香草酚对于烧失量的减少量有着更大的影响。

2. 总氮(TN)含量

由文献可知在植物的分解过程中,凋落物中的可溶性有机物质和无机物质会转移到土壤中,导致 TN 含量在凋落物分解后大于分解前,即淋溶。可以使用试验前后总氮(TN)含量的差值来反映有机质分解中的淋溶程度,所以本节对试验前后的土样烘干、研磨,使用 JR-600M 型土壤养分速测仪通过与标准溶液的对比,测量样品中的 TN 含量,对麝香草酚溶液的作用加以验证。测量结果见表 2-4。

表 2-4 试验前后总氮(TN)含量

编号	取样位置	麝香质量分数浓度 /%	总固结时间 /d	TN/(mg·kg^{-1}) 试验前	TN/(mg·kg^{-1}) 试验后	差值 /(mg·kg^{-1})
S7	大理西湖	0	26	7.72	21.18	13.46
S8		1	70	15.73	18.17	2.44
S12	洱源	0	67	4.64	17.24	12.6
S13		1	67	6.29	12.38	6.09
J1	大理西湖	0	69	15.02	20.43	5.41
J2		1	69	15.32	17.58	2.26

注:除 J1、J2 为浸泡外,其余采用喷淋的试验方法。

上述 6 个试验两两为 1 组,每组均使用同一桶土样切削,以减少位置差异引起的误差。S7、S8、J1、J2 使用西湖取样的浅层泥炭土,S12、S13 为洱源取样的深层泥炭土。从试验前测得的数据来看,深层泥炭土试样的 TN 值较低,可能是因为深层的腐殖质其凋落时间较早,所以,化合物中所含氮元素明显减少。

从三组 TN 含量前后差值的对比中可以看出,在使用了质量分数为 1% 的麝香草酚溶液后,由凋落引起的腐殖质的分解量明显低于未使用的对照组,从微观元素的角度说明麝香草酚溶液可以缓解泥炭土中有机质的分解。

综上所述,无论是表征宏观有机质分解的烧失量,还是表征微观元素迁移的 TN 含量,都验证了麝香草酚溶液能够抑制泥炭土固结过程中有机质的分解,而这种分解会在长期固结过程中引起压缩量增大,延长蠕变时间。同时,从数据上来看,麝香草酚溶液也只是起到了抑制作用,并没有达到完全控制有机质分解的程度。

2.2.2 麝香草酚对泥炭土固结特性的影响

Mesri 在文章中将泥炭土试样放置于麝香草酚溶液中进行固结,本节着重讨论这一方法的作用。试验方法为将配置好的麝香草酚溶液和等量自来水在施加第一级 12.5 kPa 荷载后,加入试验组、空白组的固结仪水槽中,并在试验过程中保证其液面高度与试样上表面相同。由于需要使用溶液进行浸泡试验,为减少浸泡饱和时所引起的影响,选择西湖含水率较高的试样进行试验。

泥炭土具有不均匀的特点,所以在切削土样时,从每个试样上下层各取少量土充分混合后测量其含水率、烧失量,使用环刀法测量土样密度,结果见表 2-5,同时,依据 GB 50021—2001《岩土工程勘察规范》进行分类。从表 2-5 中可以看出,西湖泥炭土含水率极高,根据 GB/T 50123—2019《土工试验方法标准》的分类,其饱和度基本达到饱和土的标准,根据大丽高速公路的地勘资料显示,泥炭土的饱和度基本处于 0.93~1,处于接近饱和或完全饱和的范围内。

表 2-5　J1、J2 土性参数

编号	含水率/%	容重/(kN·m^{-3})	烧失量/%	饱和度	名　称
J1	362.75	10.58	56.46	0.96	强泥炭质土
J2	369.70	10.09	55.78	0.97	

按照前述所列控制试验条件,使用空调控制温度为 20 ℃±0.5 ℃,J1 使用自来水作为空白对照组,J2 使用质量分数为 1% 的麝香草酚溶液作为试验组,探究试样在浸泡下的固结情况。绘制 e-lg t 固结曲线,如图 2-4 所示。

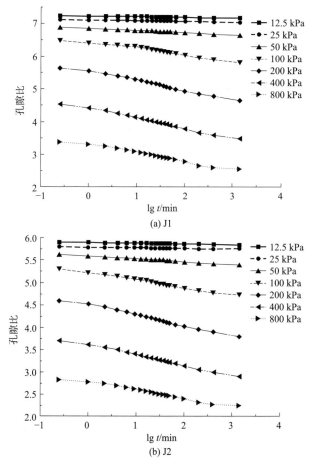

(a) J1

(b) J2

图 2-4　J1、J2 e-lg t 曲线

从图 2-4 中可以看出,在浸泡条件下所进行的固结,其 e-lg t 曲线符合反 S 形。浸泡在水中的试样(J1)试验前后孔隙比变化为 4.82,而使用了麝香草酚的试样(J2)孔隙比变化为 3.78,很明显,使用了麝香草酚浸泡后,泥炭土的压缩程度降低了。另一方面,两个土样试验前后滤纸的颜色出现了明显的差别,如图 2-5 所示。

(a) 未使用麝香草酚溶液　　　　(b) 使用质量分数为1%的麝香草酚溶液

图 2-5　J1、J2 试验后土样对比

图 2-5(a)为未使用麝香草酚溶液浸泡的试样固结后滤纸的颜色,图 2-5(b)为使用了质量分数为 1% 的麝香草酚溶液试验后的试样。很明显,左侧试样表面的滤纸呈现出了由于腐烂而产生的黄色,而右侧试样的滤纸仍为白色。

1. 主固结完成时间

Casagrande 等人提出的通过作图确定主次固结分界点、进而确定主固结完成时间的方法应用较为广泛,采用该方法确定的图 2-4 中 J1、J2 土样大于 100 kPa 的各级荷载下的主固结完成时间随荷载等级的变化如图 2-6 所示。

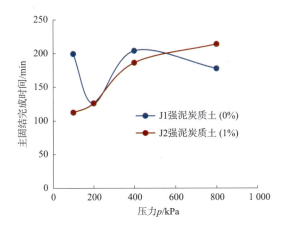

图 2-6　麝香草酚溶液对主固结完成时间的影响

从图 2-6 可以看出,是否使用麝香草酚溶液浸泡试样对泥炭土的主固结完成时间有显著影响。未使用麝香草酚溶液的 J1 试验组土样的主固结完成时间随着荷载增大出现波动,使用了麝香草酚溶液浸泡的J2试验组,其主固结完成时间随着荷载增大而增大。对于一般软土,雷华阳等人通过实验,发现软土主固结完成时间随荷载增大而增大。J2组强泥炭质土试样在使用麝香草酚溶液浸泡后其主固结完成时间与一般软土的规律一致。

2. 主、次固结系数

除了主固结完成时间,主、次固结系数也是反应固结过程的重要参数。根据JTG 3430—2020《公路土工试验规程》中推荐的方法确定的J1、J2试样的主、次固结系数如图2-7和图2-8所示。

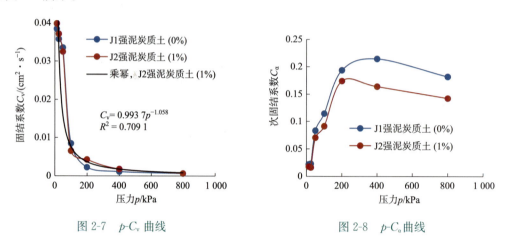

图2-7　$p\text{-}C_v$曲线　　　　　　　图2-8　$p\text{-}C_\alpha$曲线

从图2-7可以看出,两组试验固结系数的变化趋势基本相同,均呈现出了幂函数下降趋势,与桂跃发现的规律一致。从J1、J2两组试验数据来看,是否使用麝香草酚溶液浸泡试样对主固结系数的影响不显著。

从图2-8可以看出,荷载从12.5 kPa增大到800 kPa的过程中,使用麝香草酚溶液浸泡的J2组试样的次固结系数明显低于浸泡于自来水中的J1组,并且差值随着荷载的增大而逐渐增大,这说明在浸泡的条件下,麝香草酚溶液可以减少因泥炭土分解所引起的次固结变形量。此外,泥炭土的次固结系数先随着荷载 p 的增大而增大,随后再逐渐减小,峰值出现在200 kPa左右。作为软土的一种,泥炭土 $p\text{-}C_\alpha$ 曲线的趋势与张先伟使用青岛软土所得出的曲线及高彦斌等人使用上海饱和软黏土所得到的结果基本相同。

综上所述,使用质量分数为1%的麝香草酚溶液浸泡的试验组,主固结完成时间更加规律,与一般软土的变化规律较为一致。此外,麝香草酚溶液对于固结系数未产生明显影响,但浸泡在质量分数为1%的麝香草酚溶液中的试样,次固结系数更小,相应的次固结压缩也随之变小,这与2.2.1所得到的麝香草酚可以减少有机质分解,从而可以减少次固结压缩量的结论相一致。

2.3 试样高度

2.3.1 试验方案

本节共对比有机质含量从高到低的四种泥炭土及淤泥质土,试样直径为 61.8 mm,试样高度分别为 20 mm、25 mm、30 mm、35 mm 和 40 mm,固结试验使用 WG 型单杠杆固结仪,通过电子采集系统进行数据采集。根据前述研究成果,用空调控制环境温度与原位温度相同(20 ℃±0.5 ℃),且在第一级荷载施加后,将麝香草酚溶液倒入固结盒内浸泡试样以控制因环境改变带来的有机质分解。

依据 JTG 3430—2020《公路土工试验规程》进行试验,试样基本参数见表 2-6。单向固结试验停荷标准为加载 24 h,且最后一小时变形量小于 0.01 mm,但由于泥炭土变形量大且变形持续时间长,所以部分实际加载时间大于24 h,荷载等级及具体加荷时间见表 2-7。

表 2-6 土样基本参数

编号	土样名称	取样位置	取样深度/m	烧失量/%	相对密度	容重/(kN·m^{-3})	含水率/%	孔隙比
H_1	淤泥质土	大理西湖	1~2	5.4	2.18	17.1	51.21	0.93
H_2	弱泥炭质土	洱源	5~5.3	20.8	2.08	13.9	103.26	2.05
H_3	中泥炭质土	大理西湖	1~2	34.7	1.95	11.8	203.55	4.02
H_4	强泥炭质土	大理西湖	1~2	56	1.93	10.4	338.25	7.13
H_5	泥炭	大理西湖	1~2	75.2	1.87	9.2	590.8	13.04

表 2-7 荷载等级及加载时间

编号	试样高度/mm	荷载等级/kPa 及加荷时间/h	总时间/d
H_1	20、25、30、35、40	12.5—25—50—100—200—400—800(每级 24 h)	7
H_2		12.5(24)—25(24)—50(24)—100(80)—200(41)—400(60)—800(63)	13
H_3		12.5(24)—25(24)—50(24)—100(46)—200(87)—400(93)—800(81)	15.8
H_4		12.5(24)—25(38)—50(61)—100(80)—200(44)—400(96)—800(96)	18.3
H_5		12.5(24)—25(85)—50(71)—100(80)—200(118)—400(43)—800(43)	19.3

2.3.2 试验结果分析

1. 压缩量与试样高度的关系

各级荷载下试样高度与变形稳定后的压缩变形量关系曲线如图 2-9 所示。

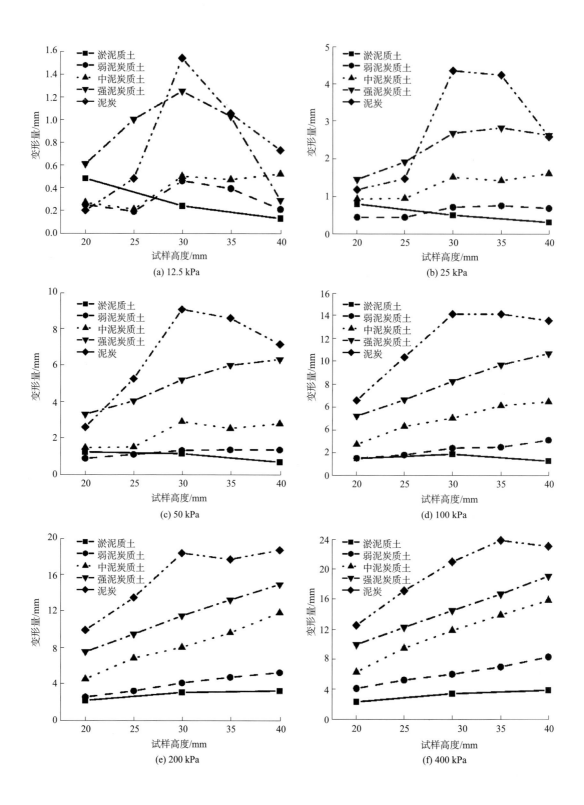

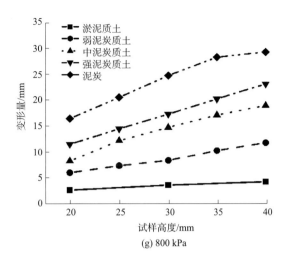

(g) 800 kPa

图 2-9　压缩变形量与试样高度关系曲线

从图 2-9 可以看出：

泥炭土、淤泥质土的固结变形量随试样高度的变化规律存在明显差异，当荷载小于 100 kPa 时，淤泥质土的变形量随着试样高度的增大而减小，当荷载大于 100 kPa 后，淤泥质土的变形量逐渐与试样高度呈正比。

在不同荷载等级与有机质含量时，泥炭土的固结变形量与试样高度的关系呈现出三种变化趋势：先增大后减小、先增大后稳定和线性增大。

当荷载等级为 12.5 kPa 时，如图 2-9(a)所示，四种泥炭土的变形量与试样高度的关系均为先增大后减小。分析其原因，荷载对泥炭土的影响深度大于标准试样高度 20 mm，所以压缩量随着试样高度的增大而逐渐增大。当试样高度大于 30 mm 后，变形量又逐渐降低，其原因可能为当试样高度大于 30 mm、施加小荷载后，下层土体出现未压缩层，从而引起了整体变形量的减小。

当荷载等级为 25 kPa 时，如图 2-9(b)所示，泥炭土变形量随试样高度的变化趋势与 12.5 kPa 时相同；对于泥炭质土，变形量随试样高度的变化趋势变为先增大后稳定，未出现 12.5 kPa 时的下降过程，其原因与 12.5 kPa 时相同，但由于荷载增大，其变形量未随荷载增大而降低。

当荷载为 50 kPa 时，如图 2-9(c)所示，泥炭、中泥炭质土、弱泥炭质土变形量随试样高度增大的变化规律与 25 kPa 时并无差别。强泥炭质土的变形量与试样高度的关系呈线性增大，即 50 kPa 荷载所产生的附加应力的影响深度大于 40 mm。

当荷载为 100 kPa、200 kPa 时，如图 2-9(d)和(e)所示，泥炭的变形量与试样尺寸的关系呈现出先增大后稳定的情况，而泥炭质土变形量与试样尺寸的关系均进入了线性增大的阶段。当荷载大于 200 kPa 后，如图 2-9(f)和(g)所示，泥炭也基本进入第三阶段，变形量随试样尺寸的增大呈线性增大。

综上所述,试样高度对泥炭土的影响远大于淤泥,且变化规律有显著差异。所以泥炭土固结试验的试样高度应通过试验择优选择。其次,泥炭土的变形量随试样高度的变化呈现出三种趋势:先增大后减小、先增大后稳定和线性增大,其变化原因受到荷载影响深度与排水距离等因素的影响。三种变化趋势随着荷载的增大依次产生,且有机质含量越低,转变为第三种变化趋势时的荷载越低。

2. 应变与试样高度的关系

为探究适合泥炭土的试样高度,对比不同种类泥炭土和淤泥质土的固结应变随试样高度的变化规律,如图 2-10 所示。从图 2-10 可以看出,淤泥质土与泥炭土的变化规律有较大差异,淤泥质土的应变基本随试样高度的增大而减小,在 20 mm 试样高度时应变最大,与其他研究人员的结果相同。泥炭土则随着试样高度与荷载的变化有所波动:

当荷载小于 100 kPa 时,泥炭和强泥炭质土的应变随试样高度的增大先增大后减小,试样高度为 30 mm 时出现峰值;中泥炭质土与弱泥炭质土的应变随试样高度的增大先减小后增大,增大至试样高度为 30 mm 时应变出现峰值,而后逐渐减小。

当荷载为 100~400 kPa 时,泥炭的应变变化规律与荷载小于 100 kPa 时一致;中泥炭质土的应变先随试样高度增大而增大,当试样高度大于 25 mm 后,应变基本不再变化;强泥炭质土和弱泥炭质土的应变基本不随试样高度的变化而变化。

当荷载为 800 kPa 时,泥炭的试样高度从 20 mm 增大至 35 mm 时,应变基本不变,试样高度为 40 mm,应变减小;泥炭质土应变随试样高度的变化趋势与 100 kPa 至 400 kPa 时一致。

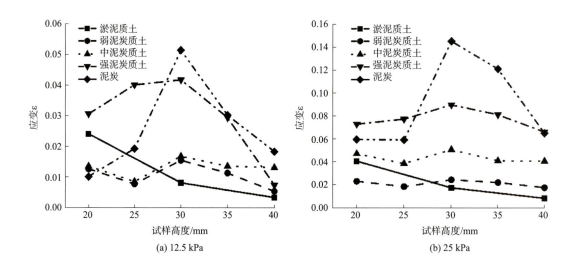

(a) 12.5 kPa   (b) 25 kPa

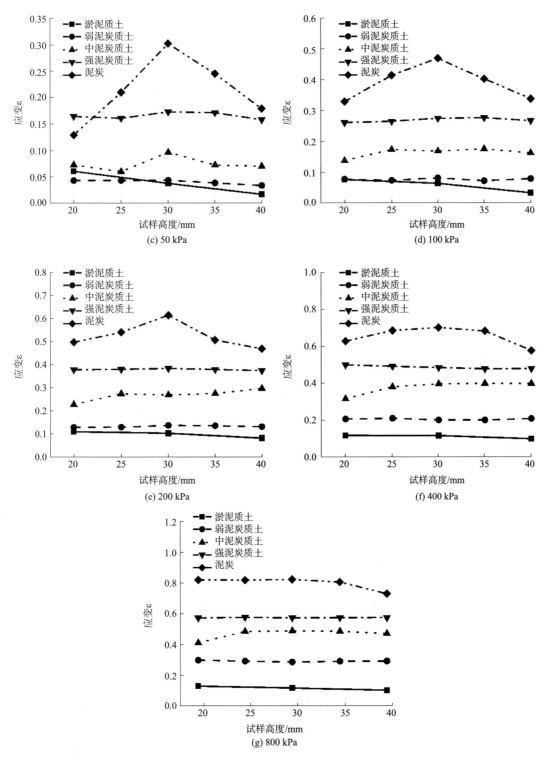

图 2-10 应变与试样高度关系曲线

综上所述，当荷载小于 100 kPa 时，泥炭土 30 mm 高度试样的应变出现峰值，而淤泥则在 20 mm 高度时出现峰值。当荷载增大后，泥炭仍在试样高度为 30 mm 时出现峰值，而此时试样高度对其他种类泥炭土应变的影响不再显著。所以，建议泥炭土使用 30 mm 高度试样进行单向固结试验。

2.4　变形稳定标准

根据 JTG 3430—2020《公路土工试验规程》中的规定，单向固结试验的变形稳定标准为加荷 24 h 后，最后一小时变形量小于 0.01 mm 即可加载下一级荷载或卸载。但泥炭土具有较大的蠕变，变形会以较低速率持续较长时间，所以，为了分析泥炭土的蠕变变形过程，现有研究中均调整了变形稳定标准，延长了加载时间，如采用变形速率小于 0.05 mm/d、小于 0.02 mm/d 等。本节对比分析变形稳定标准分别为小于 0.01 mm/d 和小于 0.01 mm/h 时泥炭土变形特性的差异。

2.4.1　变形时间

不同变形稳定标准下，不同种类泥炭土的加载持续时间如图 2-11 所示。从图 2-11 中可以看出，两种变形稳定标准试验组加载持续时间随荷载的变化规律一致，即先上升，在荷载大于 100 kPa 后逐渐持平。但以 0.01 mm/d 为变形稳定标准的试样的变形稳定时间远大于以 0.01 mm/h 为变形稳定标准的试样，且差异随着有机质含量的降低逐渐减小，弱泥炭土除外。

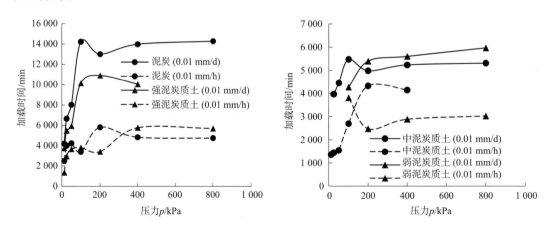

图 2-11　不同变形稳定标准的加载时间对比

如果以变形稳定标准 0.01 mm/d 所对应的加载时间作为变形全部完成的时间，定义加载时间占比为变形稳定标准 0.01 mm/h 所对应的加载时间占变形全部完成时间的比例，则不同泥炭土在各级荷载下的加载时间占比如图 2-12 所示。从图 2-12 中可以看出,当荷载小于 100 kPa 时,不同泥炭土的加载时间占比波动较大;当荷载大于 100 kPa 时,不同泥炭土的加载时间占比逐渐趋于稳定。总体来讲,不同泥炭土的加载时间占比波动范围为 23.8%~89.2%,即泥炭土在变形量达到 0.01 mm/h 后还存在很长的变形持续时间。

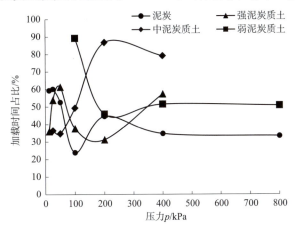

图 2-12　不同变形稳定标准的加载时间占比

2.4.2　变 形 量

两种变形稳定标准下,不同种类泥炭土的变形量如图 2-13 所示。从图 2-13 中可以看出,不同泥炭土在各级荷载下,以 0.01 mm/d 为变形稳定标准时试样的变形量均大于以 0.01 mm/h 为变形稳定标准的变形量,且差异随着有机质含量的增加逐渐增大。为突出变形稳定标准对泥炭土变形量的影响,同时测试了淤泥质土在两种变形稳定标准下的变形量如图 2-13 所示。图 2-13 中,淤泥质土单向固结试验的试样高度为 20 mm,泥炭土试样高度均为 30 mm。

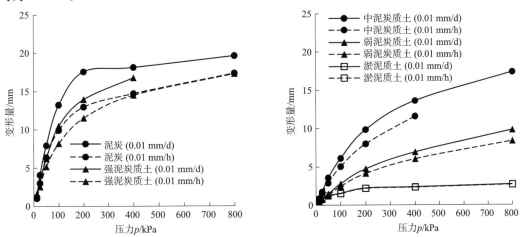

图 2-13　两种变形稳定标准时的变形量对比

如果以变形稳定标准 0.01 mm/d 所对应的变形量作为最终变形量,定义变形量占比为变形稳定标准 0.01 mm/h 所对应的变形量占最终变形量的比例,则不同泥炭土在各级荷载下的变形量占比如图 2-14 所示。从图 2-14 中可以看出,当荷载小于 100 kPa 时,不同泥炭土的变形量占比有一定幅度的波动;当荷载大于 100 kPa 时,不同泥炭土的变形量占比逐渐趋于稳定。总体来讲,不同泥炭土的变形量占比波动范围为 73.7%~88.3%,而淤泥质土的变形量占比受变形稳定标准的影响较小,其变化范围为 92.3%~98.5%。由此说明,单向固结试验中的变形稳定标准对泥炭土的变形量存在显著的影响,在变形量达到 0.01 mm/h 后还存在较大的变形量。因此,建议对泥炭土采用 0.01 mm/d 的变形稳定标准。

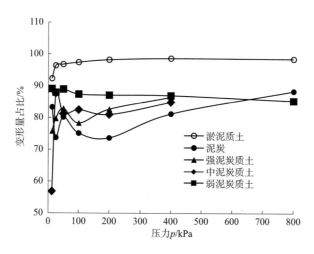

图 2-14 不同变形稳定标准时的变形量占比

2.5 加 荷 比

加荷比是影响土固结的主要因素之一,为研究其对泥炭土固结过程的影响效果,设置加荷比(R)为 0.8、1.0 和 1.2 三组对比试验,以 0.01 mm/d 为变形稳定标准。设置初始荷载为 12.5 kPa,同时,为了分析加荷比对土样固结程度的影响,三组试验最大荷载均设置为 200 kPa,即以最终 200 kPa 荷载时的变形为基准,分析不同加荷比引起的差异。三组试验加载序列分别为 12.5 kPa→22.5 kPa→40.5 kPa→72.9 kPa→131.22 kPa→200 kPa($R=0.8$)、12.5 kPa→25 kPa→50 kPa→100 kPa→200 kPa($R=1.0$)、12.5 kPa→27.5 kPa→60.5 kPa→133.1 kPa→200 kPa($R=1.2$)。四种泥炭土不同加荷比试验条件下变形累计时间如图 2-15 所示。

从图 2-15 中可以看出,在荷载小于约 25 kPa 时,此时不同加荷比的荷载大小近乎一致,所以累计变形时间也未见显著差异。当荷载逐渐增大至约 100 kPa(接近先期固结压力),此过程中加荷比 $R=1.2$ 的试验组累计变形时间最小,即在相对较短的时间内达到了稳

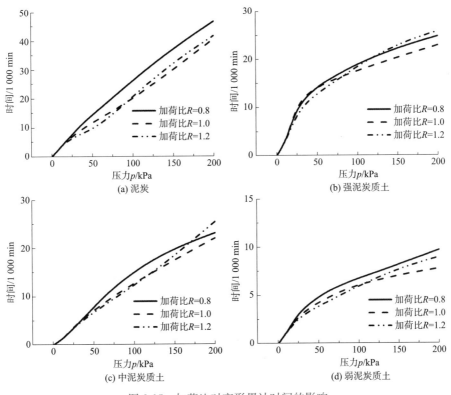

图 2-15 加荷比对变形累计时间的影响

定,而当荷载超过了约 100 kPa 后,加荷比 $R=1.0$ 的试验组累计变形时间低于其他试验组,四种泥炭土(泥炭、强泥炭质土、中泥炭质土、弱泥炭质土)加荷比为1时的累计变形时间分别占最长持续时间($R=0.8$ 或 1.2)的 86.9%、88.7%、86.7% 和 80.3%。

为了对比不同加荷比对变形的影响,根据公式计算不同种类泥炭土不同加荷比条件下的变形比例:

$$M=\frac{d_i}{d_e}\times 100\% \tag{2-2}$$

式中 M——变形百分比,%;

d_i——第 i 级荷载加载结束时的变形量,mm;

d_e——最后一级荷载加载结束时的变形量,mm,本文中为 200 kPa 时的变形量。

计算结果如图 2-16 所示。从图 2-16 中可以看出,加荷比对加载变形过程的影响并不显著。四种典型泥炭土加荷比的影响在约 100 kPa 时最大,变形完成比例最高的试验组($R=1.0$)比最低的试验组($R=1.2$)分别高出约 7.79%、9.12%、7.5% 和 12.53%,而后随着荷载的增大,比例逐渐降低。

综上所述,加荷比(0.8、1.0、1.2)对泥炭土固结过程的影响规律未受有机质含量的影响,这与其整体的含水率较高、压缩性较大有关,加荷比对泥炭土的固结过程有一定影响,但影响并不十分显著。

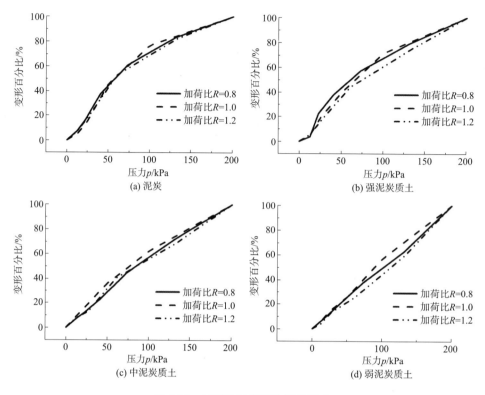

图 2-16 加荷比对变形比例的影响

本章小结

本章通过室内单向固结试验,研究了温度、水环境、试样高度、变形稳定标准、加荷比等因素对泥炭土固结特性的影响,分析了温度在小范围内波动、是否用麝香草酚溶液浸泡试样等因素影响下,泥炭土的压缩速度、烧失量、总氮含量、主固结完成时间,以及主、次固结系数等参数的变化规律,所得主要结论如下:

(1)无论是在接近原位竖向应力的低应力时(12.5 kPa、25 kPa),还是在快速固结试验最高荷载 800 kPa 时,温度对泥炭土的固结过程有着较大的影响,且影响程度随着有机质含量的升高而增大。因此,对泥炭土开展单向固结试验时,不能像一般黏土一样忽略温度的影响,而应依据取样地点采集到的地层温度控制试验温度,以期得到更加符合原位性质的试验结果。

(2)通过总氮含量(TN)以及烧失量的测试,明确了麝香草酚溶液可以有效减少土样中凋落物的分解。另外,使用麝香草酚溶液浸泡试样对泥炭土的主固结完成时间及次固结系数有显著影响,对主固结系数的影响不显著。因此,对泥炭土进行单向固结试验过程中,建议使用麝香草酚溶液浸泡试样,从而减少由环境"扰动"所带来的影响。

(3)试样高度对泥炭土固结变形的影响远大于淤泥质土。在各级荷载下,淤泥质土的应变均随试样高度的增大而减小,在 20 mm 高度时应变最大;泥炭质土在荷载小于 100 kPa 时,应变随试样高度的增大先减小、后增大,在 30 mm 高度时应变最大,而后再次逐渐减小,当荷载大于 100 kPa 后,试样高度对应变的影响不显著;泥炭在荷载小于 800 kPa 时,应变随试样高度的增大先增大、后减小,在 30 mm 高度时应变最大,在荷载为 800 kPa 时,应变基本不再随试样高度的变化而变化。因此,建议使用 30 mm 高度试样进行泥炭土的单向固结试验。

(4)以 0.01 mm/d 为变形稳定标准的泥炭土试样的变形稳定时间、变形量均大于以 0.01 mm/h 为变形稳定标准的试样,且差异随着有机质含量的降低逐渐减小,在变形量达到 0.01 mm/h 后还存在很长的变形持续时间及变形量。因此,建议对泥炭土进行单向固结试验时采用 0.01 mm/d 的变形稳定标准。

(5)加荷比对泥炭土的固结过程有一定影响,但影响并不十分显著。因此,对泥炭土进行单向固结试验时,可以参照一般土体的试验方法,将加荷比确定为 1。

第 3 章　泥炭土的固结特性

泥炭土是一种具有较大蠕变的特殊土,其固结过程和加载方式的影响历来是研究的重点。自太沙基一维固结理论提出以来,大多数土的固结过程均可以根据 d-$\lg t$ 曲线划分为主固结和次固结阶段。但对于泥炭土而言,由于变形持续时间长、变形量大,其 d-$\lg t$ 曲线呈现出了不一样的变化规律,因此提出了固结三阶段、固结四阶段等不同的固结阶段。但目前针对泥炭土固结过程的认识尚未统一。因此,本章主要通过单向固结试验,研究泥炭土的 d-$\lg t$ 曲线和 d-t 曲线特点,提出固结阶段的划分方法及标准,探索各个固结阶段的完成时间、变形比例、变形速率等的规律。

3.1　泥炭土的固结阶段

3.1.1　试验内容及方案

本章试验用原状样相关参数根据 JTG 3430—2020《公路土工试验规程》中的规定进行测试,结果汇总情况见表 3-1。

表 3-1　原状样土性参数

序号	烧失量/%	含水率/%	容重/(kN·m⁻³)	相对密度	孔隙比	土名
T_1-T_{16}	70.5～90.2	502.0～717.3	8.8～10.9	1.71～1.72	9.29～14.90	泥炭
T_{17}-T_{39}	40.6～59.4	261.9～611.9	9.1～11.1	1.81～1.84	5.25～12.22	强泥炭质土
T_{40}-T_{53}	25.1～39.7	203.6～1100.0	9.7～11.8	1.69～2.01	3.41～19.62	中泥炭质土
T_{54}-T_{67}	12.08～23.73	54.5～222.7	8.3～14.3	2～2.08	1.17～5.72	弱泥炭质土
T_{68}	8.81	38.1～51.3	16.8～17.6	—	—	淤泥质土

本章针对泥炭土的单向固结试验除特别指出外,均按照第 2 章提出的泥炭土单向固结试验方法进行,即使用 30 mm 高度试样,控制试验时环境温度与原地层温度相近,同时在首级荷载加载后,向固结盒内倒入质量分数为 1‰ 的麝香草酚溶液。试验中使用电子百分表及数据采集装置收集数据(图 3-1)。本节共进行 64 组单向固结试验,试验方案见表 3-2,试验后的试样均已用自封袋留存,如图 3-2 所示。

图 3-1　单向固结仪及数据采集系统

图 3-2　试验加载后的试样

表 3-2　试验方案

试验目的	土样种类	荷载等级/kPa	加荷比	变形稳定标准
泥炭土固结阶段研究	泥炭土[①]、淤泥质土	12.5—25—50—100—200—400—800	1.0	0.01 mm/d
泥炭土固结特性研究	泥炭土[①]	12.5—25—50—100—200—400—800[②]	1.0	0.01 mm/d

注：① 泥炭土包括泥炭、强泥炭质、中泥炭质土和弱泥炭质土四种。
② 为实现其他试验目的，部分试验未加载至 800 kPa。

在研究固结阶段时，为对比泥炭土与一般软土固结阶段的不同之处，对大理地区的淤泥质土进行了相同试验条件下的单向固结试验。

3.1.2　泥炭土固结阶段研究

泥炭土具有变形持续时间长、蠕变量大的特征。图 3-3 为不同种类泥炭土的 d-$\lg t$ 曲线，包括其他研究人员的单向固结试验数据。从图 3-3 中可以看出，不同种类泥炭土的 d-$\lg t$ 曲线与一般软土存在差异，其固结曲线并未像一般软土[图 3-3(e)]出现典型的反 S 特征，在淤泥质土[图 3-3(e)]的次固结阶段逐渐停止时，泥炭土曲线的斜率再次增大，直至变形稳定，其变形过程无法简单的划分为主固结阶段和次固结阶段。另一方面，因为横坐标为时间对数，所以在加载后期，d-$\lg t$ 曲线无法显示出泥炭土变形的时间特征。

泥炭土的 d-$\lg t$ 曲线由于对时间取了对数，无法反映其荷载长时间作用下的蠕变变形过程，所以绘制 d-t 曲线，因为数据量较大，本节中仅列出了不同土体荷载为 800 kPa 时的试验曲线，如图 3-4 所示。从图 3-4(e)可以看出，淤泥质土在加载后，经历了快速压缩阶段，而后速率逐渐减慢至变形结束，其固结完成时间较短，虽然试验中将加载时间延长至 48 h，但其后期变形几乎为 0。泥炭土的 d-t 曲线则呈现出明显的三个固结阶段，即近乎直线快速变形的主固结阶段、速率逐渐变化的次固结阶段和以较小斜率稳定变形的第三固结阶段，其前两阶段与淤泥质土相似，但在淤泥质土趋于稳定时，泥炭土的固结变形以较低的速率持续了较长的时间。根据该规律，可以将泥炭土的固结过程进行抽象，如图 3-5 所示。

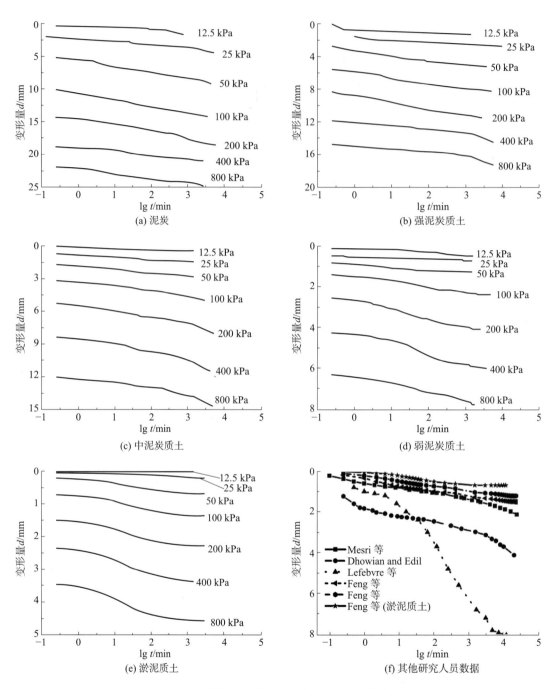

图 3-3 本文及不同地区泥炭土的 d-$\lg t$ 曲线

根据图 3-5 可以进行泥炭土的固结三阶段划分。首先,将图 3-5 中加载初期的直线段延长,直线与变形曲线的分离点 A 为主固结阶段完成点;将泥炭土后期匀速缓慢变形阶段反向延长,直线与变形曲线的分离点 B 即为次固结阶段完成点;C 点为第三固结阶段结束

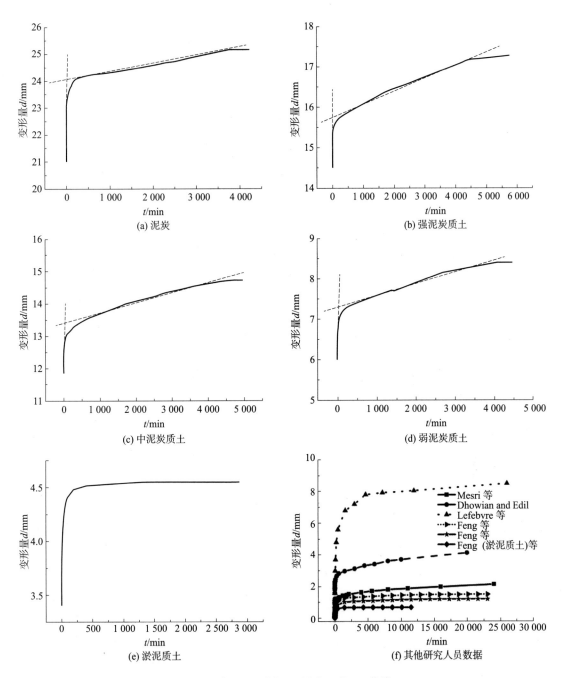

图 3-4　本文及不同地区泥炭土的 $d\text{-}t$ 曲线

点。通过此划分方法,将泥炭土的变形曲线根据变形速率的特征(匀快速、变速和匀慢速)划分为三个阶段,完整的描述其固结过程。

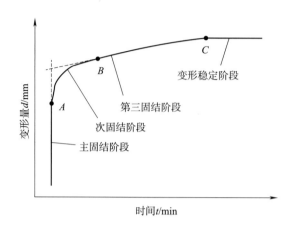

图 3-5　泥炭土固结三阶段划分方法

根据图 3-5 中的固结三阶段划分方法,对本章云南地区泥炭土的 137 组(一级荷载为 1 组)试验数据及收集到的国内外研究人员的 80 组试验数据进行固结阶段划分,并计算第三固结阶段的应变速率 R_{ter},计算方法见公式(3-1)。

$$R_{ter}=\frac{d_{ter}-d_{sec}}{T_{ter}-T_{sec}}/h \tag{3-1}$$

式中　R_{ter}——第三固结阶段的应变速率,min^{-1};

　　　d_{sec},d_{ter}——次固结阶段和第三固结阶段结束时的变形量,mm;

　　　T_{sec},T_{ter}——次固结阶段和第三固结阶段结束时的加载时间,min;

　　　h——试样高度,mm。

将计算出的 R_{ter} 与变形稳定标准进行对比,判定泥炭土是否出现第三固结阶段。

首先,将变形稳定标准小于 0.01 mm/d 换算为应变稳定标准,即小于 0.000 3/d 时变形稳定。对于少量加载时间小于 24 h 的试验组,R_{ter} 取最后一小时的应变速率。

其次,根据变形稳定标准进行判定:当 $R_{ter}\leqslant 0.000\ 3/d$ 时,第三固结阶段变形速率较小,即次固结结束后即可达到变形稳定标准,第三固结阶段不显著;当 $R_{ter}>0.000\ 3/d$ 时,次固结结束后变形不能达到稳定标准,第三固结阶段变形较显著。

最后,根据判定结果,将 217 组泥炭土的固结过程划分为有、无第三固结阶段两类,并根据各土样的土性参数绘制成荷载($\ln p$)-有机质含量(w_u)散点图,如图 3-6 所示。

从图 3-6 中可以看出,泥炭土是否存在第三固结阶段受有机质含量和荷载等级的影响。有机质含量较低的弱泥炭质土、中泥炭质土在初始荷载 12.5 kPa 时均不存在第三固结阶段;随着荷载逐渐升高,部分弱泥炭质土在荷载为 100 kPa 左右后出现第三固结阶段,而中泥炭质土在荷载大于 12.5 kPa 后,几乎全部存在第三固结阶段。另一方面,从图 3-4 中的 d-t 曲线可以看出,不存在第三固结阶段的泥炭土(如低荷载时的弱泥炭质土)也可通过将第三固结阶段变形速率设置为 0 得到。

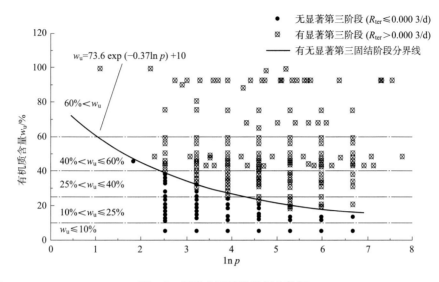

图 3-6　泥炭土固结阶段划分数据

从图 3-6 中可以看出，泥炭土二阶段固结与三阶段固结之间存在一条较为显著的分界线，其表达式见公式(3-2)。

$$w_u = 73.6\exp(-0.37\ln p) + 10 \tag{3-2}$$

因为泥炭土的有机质含量为土样特性，所以应以荷载为控制变量分析泥炭土固结过程的阶段划分，则公式(3-2)可化简为

$$p = \left(\frac{w_u - 10}{73.6}\right)^{-2.7} \tag{3-3}$$

式中　w_u——有机质含量，%；

　　　p——固结压力，kPa。

由公式(3-3)可以看出，因为荷载 p 不能为负，所以有机质含量需大于 10%，即公式(3-3)适用范围为泥炭土(有机质含量 大于 10%)。

由公式(3-3)可知，当 $p > \left(\dfrac{w_u - 10}{73.6}\right)^{-2.7}$ 时，泥炭土固结过程中的第三固结阶段较为显著，应以三个阶段进行划分。当 $p < \left(\dfrac{w_u - 10}{73.6}\right)^{-2.7}$ 时，泥炭土的第三固结阶段不显著，使用主固结阶段与次固结阶段两阶段划分法更加简便。

为了分析分界荷载与应力历史的关系，计算四种泥炭土各个试样的先期固结压力，计算结果及平均值见表 3-3。对比表 3-3 中先期固结压力和图 3-6 中的分界荷载可以看出，弱泥炭质土在荷载大于先期固结压力后，更容易出现固结第三阶段，而泥炭、强泥炭质土以及荷载大于 12.5 kPa 时的中泥炭质土均应以固结三阶段进行分析。

表 3-3　先期固结压力　　　　　　　　　　　　　　　　　　kPa

土的种类	第一组	第二组	第三组	第四组	平均值
泥炭	71.55	73.96	91.55	140.11	94.29
强泥炭质土	54.68	53.17	49.44	58.31	53.90
中泥炭质土	40.25	62.18	80.60	57.88	60.22
弱泥炭质土	135.25	156.18	140.12	162.18	148.431

3.2　泥炭土各固结阶段的特性

泥炭土的固结过程较一般软土更加复杂,针对不同有机质含量和不同荷载条件,存在两阶段和三阶段固结。已有研究中已经对固结两阶段进行过较为全面的分析,所以本节仅针对固结三阶段的情况进行分析。

根据图3-5中的方法划分泥炭土的三个固结阶段,并计算固结至不同阶段的结束时间及变形量,同时,参照公式(3-1),得到公式(3-4)和公式(3-5)计算不同固结阶段的应变速率。

$$R_{\text{pri}} = \frac{d_{\text{pri}} - d_0}{T_{\text{pri}} - T_0} / h \tag{3-4}$$

$$R_{\text{sec}} = \frac{d_{\text{sec}} - d_{\text{pri}}}{T_{\text{sec}} - T_{\text{pri}}} / h \tag{3-5}$$

式中　$R_{\text{pri}}, R_{\text{sec}}$——主固结阶段、次固结阶段的平均应变速率,$\min^{-1}$;

$d_0, d_{\text{pri}}, d_{\text{sec}}$——加载前、主固结阶段和次固结阶段结束时的变形量,mm;

$T_0, T_{\text{pri}}, T_{\text{sec}}$——加载前、主固结阶段和次固结阶段结束时的加载时间,s;

h——试样高度,mm。

3.2.1　持续时间

1. 主固结阶段

不同有机质含量泥炭土主固结完成时间T_{pri}与固结压力p的关系曲线如图3-7所示。可以看出,四种典型泥炭土的主固结阶段结束时间与固结压力p之间满足指数函数关系,对其进行拟合,拟合曲线如图中虚线所示。其关系可表示为

$$T_{\text{pri}} = A \, e^{-Bp} + C \tag{3-6}$$

式中　T_{pri}——主固结阶段持续时间,min;

p——固结压力,kPa;

A, B, C——待定参数,需根据实际固结数据拟合获得。

无论有机质含量高低,泥炭土主固结阶段的持续时间随着荷载的增大先增大后趋于稳定,泥炭、强泥炭质土以及中泥炭质土约在 100 kPa 后趋于稳定,而弱泥炭质土的数据因为从先期固结压力时的荷载开始,所以增大阶段不显著。对比表 3-3 中的先期固结压力,即对于泥炭土,其主固结阶段持续时间的最大值在荷载大于先期固结压力后取得,当荷载继续增大,主固结阶段结束时间基本保持稳定。

泥炭土主固结阶段持续时间的最大值随着有机质含量的降低有所降低,泥炭、强泥炭质土、中泥炭质土和弱泥炭质土的主固结阶段完成时间在 800 kPa 时分别为 92.2 min、91.8 min、49.9 min 和 59.8 min。

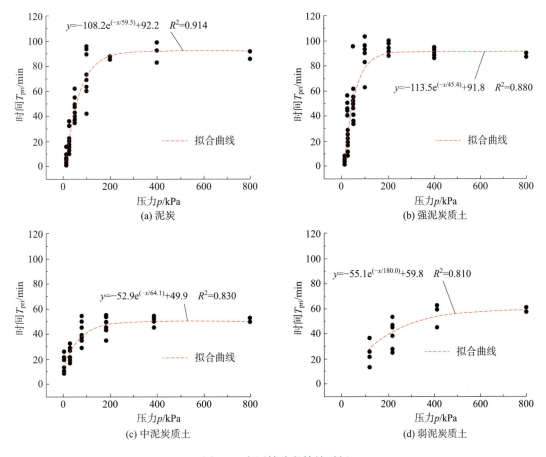

图 3-7 主固结阶段持续时间

2. 次固结阶段

次固结阶段的结束时间(T_{sec})与固结压力 p 的关系曲线如图 3-8 所示。从图 3-8 中可以看出,泥炭土次固结阶段的结束时间随荷载的变化规律呈现出显著的两阶段。当荷载小于先期固结压力时,次固结阶段的结束时间随荷载的增大呈指数函数增大,当荷载大于先期固结压力后,次固结阶段的结束时间随荷载的增大呈指数函数减小,并逐渐趋于稳定,拟合曲线如图 3-8 中虚线所示。对于不同有机质含量的泥炭土,其最终的次固结结束时间随有机质含量的减小而逐渐减小。弱泥炭质土次固结阶段结束时间在荷载大于先期固结压力时变化较小,与其他种类泥炭土具有一致性。次固结阶段的结束时间 T_{sec} 随荷载 p 的变化关系可以由式(3-7)表示。

$$T_{sec}=\begin{cases} A_1 e^{-B_1 p}+C_1 & (p<p_c) \\ A_2 e^{-B_2 p}+C_2 & (p \geqslant p_c) \end{cases} \tag{3-7}$$

式中,T_{sec} 为次固结阶段持续时间,min;p 为固结压力,kPa;p_c 为先期固结压力;A_1、A_2、B_1、B_2、C_1、C_2 为次固结阶段待定参数,需根据实际固结数据拟合获得。

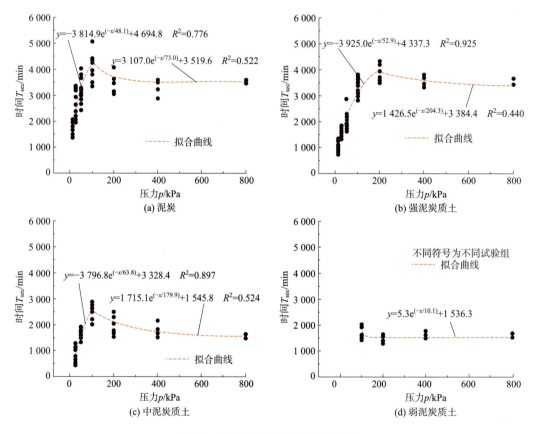

图 3-8 泥炭土次固结阶段结束时间

3. 第三固结阶段

不同种类泥炭土第三固结阶段结束时间(T_{ter})与固结压力 p 的关系曲线如图 3-9 所示。从图 3-9 中可以看出,泥炭土第三固结阶段结束时间的变化规律与次固结阶段较为相近,随固结压力的增大先增大,后减小,最终趋于稳定,其峰值在略大于先期固结压力时取得。800

kPa 荷载时,四种典型泥炭土第三固结阶段的结束时间分别为 11 898.7 min、10 288.6 min、5 152.2 min、5 060 min,远高于一般软土的变形持续时间。

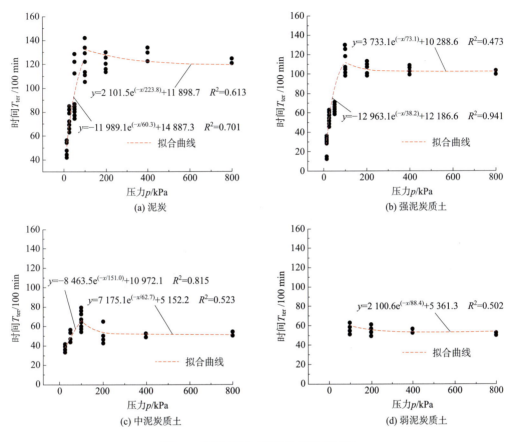

图 3-9　泥炭土第三固结阶段结束时间

第三固结阶段的结束时间 T_{ter} 随固结压力 p 的变化关系可以由式(3-8)表示。

$$T_{ter} = \begin{cases} A_3 e^{-B_3 p} + C_3 & (p < p_c) \\ A_4 e^{-B_4 p} + C_4 & (p \geqslant p_c) \end{cases} \tag{3-8}$$

式中,T_{ter} 为第三固结阶段持续时间,min;p 为固结压力,kPa;A_3、A_4、B_3、B_4、C_3、C_4 为待定参数,需根据实际固结数据拟合获得。

3.2.2　变形量占比

根据图 3-5 划分的泥炭土固结阶段,计算各个阶段变形量及分阶段变形量占单级荷载总变形量的百分比。

1. 主固结阶段

不同种类泥炭土主固结阶段的变形占比与固结压力 p 的关系曲线如图 3-10 所示。从

图 3-10 可以看出,变形占比整体上呈现出了两个阶段,即荷载小于先期固结压力和荷载大于先期固结压力。当荷载小于先期固结压力时,主固结阶段变形量占比随荷载的增大在较大范围内波动,当荷载大于先期固结压力后,主固结阶段的变形占比逐渐趋于稳定。泥炭、强泥炭质土、中泥炭质土以及弱泥炭质土的主固结阶段变形量占比在荷载大于先期固结压力后逐渐稳定在 60.6%、54.8%、46.2% 以及 40.7%。总体来看,主固结阶段变形占比随着有机质含量的降低而逐渐降低,但占比均超过了 40%。

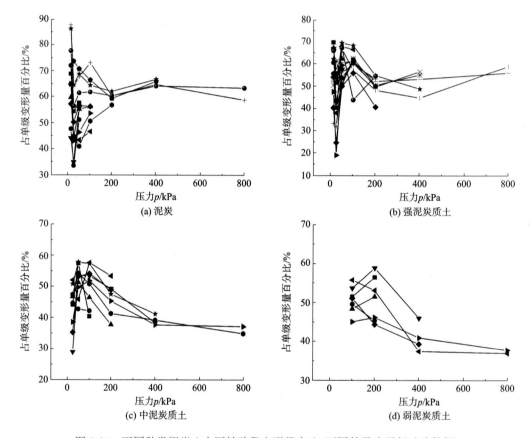

图 3-10 不同种类泥炭土主固结阶段变形量占比(不同符号为平行试验数据)

2. 次固结阶段

不同种类泥炭土次固结阶段变形量占比随荷载的变化曲线如图 3-11 所示。从图 3-11 可以看出,次固结阶段变形量占比与主固结阶段类似,应划分为两个阶段,即在荷载小于先期固结压力时,次固结阶段变形量占比不断波动,而在荷载大于先期固结压力后趋于稳定,泥炭、强泥炭质土、中泥炭质土以及弱泥炭质土此阶段变形量占比平均值分别为 26.3%、32.4%、40.8% 以及 43.3%,可以看出次固结阶段变形量占比随着有机质含量的降低而逐渐增大。

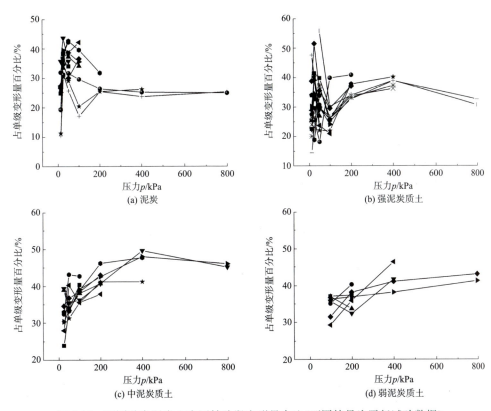

图 3-11　不同种类泥炭土次固结阶段变形量占比（不同符号为平行试验数据）

3. 第三固结阶段

四种典型泥炭土第三固结阶段的变形量占比随荷载的变化曲线如图 3-12 所示。此阶段变形量百分比在荷载小于先期固结压力时未呈现出显著的变化规律，在小范围内波动。当荷载大于先期固结压力后，泥炭、强泥炭质土、中泥炭质土、弱泥炭质土的变形量占比逐渐稳定于 13.0%、12.8%、13% 和 16%。

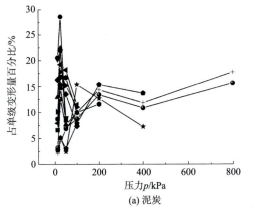
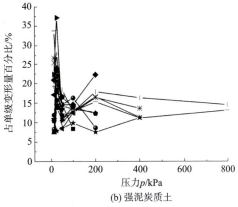

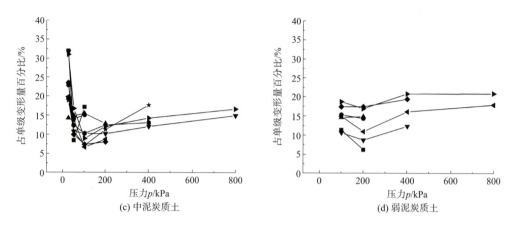

图 3-12　不同种类泥炭土第三固结阶段变形量占比（不同符号为平行试验数据）

3.2.3　应变速率

1. 主固结阶段

不同种类泥炭土的主固结阶段应变速率（R_{pri}）随 $\lg p$ 的变化曲线如图 3-13 所示，因为应变速率较荷载的变化速率高，所以横坐标选择使用 $\lg p$。从图中可以看出，泥炭土主固结

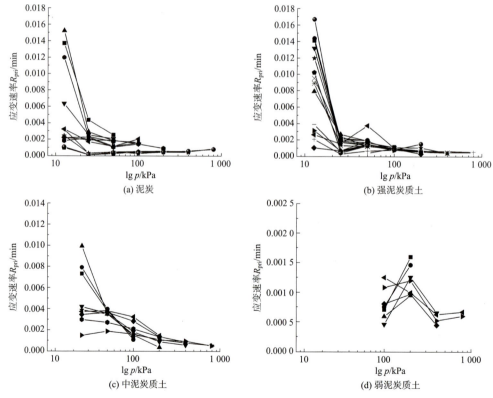

图 3-13　泥炭土主固结阶段应变速率（不同符号为平行试验数据）

阶段的应变速率随 lg p 的增大而降低,当荷载大于先期固结压力后,泥炭土主固结阶段的应变速率趋于稳定。四种典型泥炭土的应变速率在荷载较低时大小不一,但在荷载超过先期固结压力后,差异逐渐减小。对于弱泥炭质土,当荷载大于先期固结压力时,其应变速率变化较小。

2. 次固结阶段

根据公式(3-4)计算四种典型泥炭土在不同荷载下次固结阶段的变形速率(R_{sec}),计算结果如图 3-14 所示。从图 3-14 可以看出,不同种类泥炭土的应变速率在相邻荷载条件下有升有降,但整体上在一定的范围内波动。其中,中泥炭质土波动最大,其原因可能与土样的不均匀性或其他性质有关。800 kPa 荷载时,四种泥炭土次固结阶段变形速率分别为每分钟 $8.9×10^{-6}$、$1.4×10^{-5}$、$2.10×10^{-5}$、$2.13×10^{-5}$,呈现出随有机质含量降低,应变速率逐渐升高的特征。

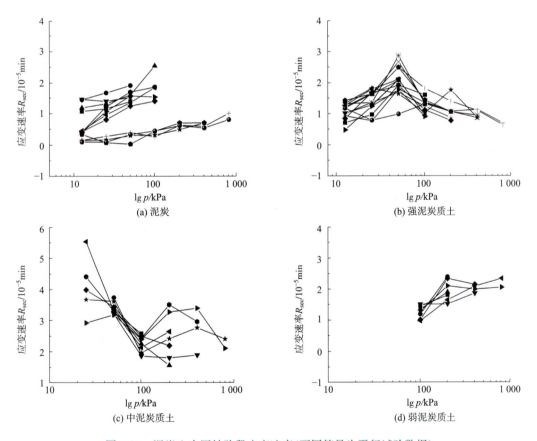

图 3-14　泥炭土次固结阶段应变速率(不同符号为平行试验数据)

3. 第三固结阶段

泥炭土第三固结阶段的应变速率是其区别于一般软土的特征参数之一。根据公式(3-1)

计算泥炭土在不同荷载下第三固结阶段的应变速率(R_{ter}),结果如图 3-15 所示。从图 3-15 可以看出,第三固结阶段的应变速率较次固结阶段更加稳定。泥炭、强泥炭质土、中泥炭质土、弱泥炭质土第三固结阶段的应变速率平均值分别为每分钟 1.7×10^{-6}、2.9×10^{-6}、4.5×10^{-6} 和 5.03×10^{-6},呈现出与次固结阶段相同的规律,即随着有机质含量的降低,第三固结阶段应变速率逐渐增大。当应变速率增大至与次固结阶段应变速率相同时,第三固结阶段不再显著。

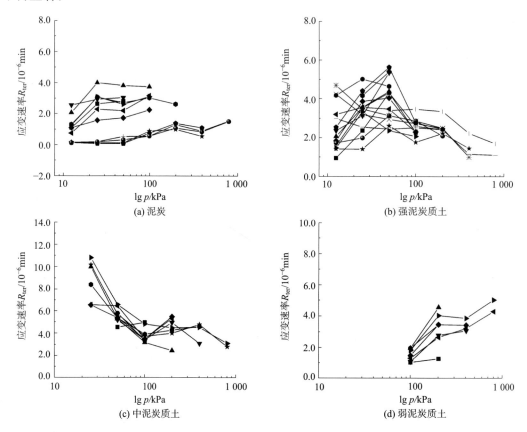

图 3-15　泥炭土第三固结阶段应变速率(不同符号为平行试验数据)

3.3　纤维含量的影响

3.3.1　试验方案

泥炭土的固结特性受到有机质含量、植物残体和腐殖酸等物质的影响。因此本节在测试土样的天然含水率、容重和土粒相对密度的基础上,对大理、昆明地区泥炭土的烧失量、纤维含量和腐殖酸含量进行了测试,为后续泥炭土微观形貌和固结机理的研究奠定基础。

目前我国相关规范中未规定泥炭土中的纤维含量、腐殖酸含量的测定方法,但是,已有多位学者按照ASTM(D1997-13)中的湿筛法测定了纤维含量,按照《泥炭的基本性质及其测定方法》中的碱溶液萃取法测定了腐殖酸含量。鉴于此,本节采用相同方法测定泥炭土试样中的纤维含量和腐殖酸含量,试验过程如图3-16、图3-17所示。

(a) 使用碱溶液浸泡土样　　　　(b) 筛分所得纤维　　　　(c) 使用滤纸过滤出纤维

图 3-16　纤维含量测试

 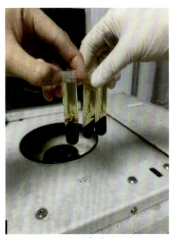

(a) 碱萃取液的过滤　　　　(b) 离心后腐殖酸沉淀

图 3-17　腐殖酸含量测试

根据上述测试方法,土样的基本物理、化学参数见表3-4。

表 3-4　土样基本物理、化学特性

取样地点	试样编号	取样深度/m	天然含水率/%	容重/(kN·m⁻³)	土粒相对密度	初始孔隙比 e	纤维含量/%	腐殖酸含量/%	烧失量/%	土样名称
大理西湖	X1	1.5	82.51	9.8	2.05	2.85	12.50	7.71	69.65	泥炭
昆明地区	X2	14	66.16	11.3	1.72	1.53	0.73	18.30	38.70	中泥炭质土
	X3	16	63.46	11.9	2.23	2.06	5.37	17.82	47.12	强泥炭质土
	X4	32	49.76	13.6	2.37	1.61	1.70	11.31	33.31	中泥炭质土
	X5	36	60.14	12.0	1.98	1.64	1.45	23.04	47.88	强泥炭质土
	X6	38	66.92	10.8	1.61	1.49	6.06	29.95	69.67	泥炭

从表 3-4 中可以看出,本节所用泥炭土试样的烧失量范围在 33.31%～69.67%之间,按照 GB 50021—2001《岩土工程勘察规范》中规定,可以分类为中泥炭质土(昆明地区 14 m 和 32 m 土样)、强泥炭质土(昆明地区 16 m 和 36 m 土)和泥炭(大理西湖 1.5 m 土样和昆明地区 38 m 土样)三种。

3.3.2 纤维含量影响分析

固结量大且达到固结稳定所需时间长是泥炭土固结的重要特征,因此,本节在烧失量相近的情况下,分析了纤维含量与不同试样的固结量和达到固结稳定所需时长的关系。有机质含量相近的情况下,六种泥炭土样的固结量和稳定所需时长随纤维含量的变化趋势如图 3-18 和图 3-19 所示。

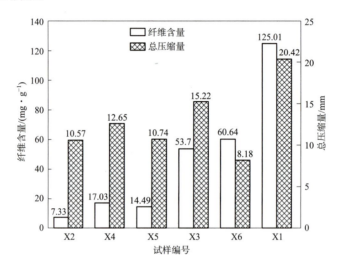

图 3-18　烧失量相近情况下土样总压缩量与纤维含量间关系

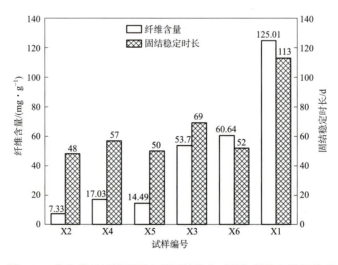

图 3-19　烧失量相近情况下土样固结稳定时长与纤维含量间关系

从图 3-18 和图 3-19 可以看出,无论从固结量或是固结稳定所需时间上,烧失量相近而纤维含量较高的土样,均比纤维含量低的土样的固结量大、固结达到稳定所需时间长。这说明在有机质含量相近时,泥炭土中的植物残体对固结量及固结稳定所需时长的影响更大。

本章小结

本章通过室内单向固结试验,对四种典型泥炭土的固结阶段进行了研究,分析了各阶段的固结特性,得到了以下主要结论:

(1) 建立了基于 $d\text{-}t$ 曲线的泥炭土固结三阶段划分方法。当压力 $p > [(w_u - 10)/73.6]^{-2.7}$ 时(w_u 为有机质含量),泥炭土的固结过程可以划分为近乎直线快速变形的主固结阶段、速率逐渐变化的次固结阶段和以较小速率稳定变形的第三固结阶段。

(2) 泥炭土的主、次及第三固结阶段完成时间随着有机质含量的升高而增大。主固结完成时间随荷载的增大以指数函数增大,次固结和第三固结阶段完成时间则先以指数函数增大,在先期固结压力附近取得极大值后,又以指数函数形式降低至稳定值。

(3) 不同种类泥炭土在荷载达到先期固结压力前,其各阶段变形量占比会不断波动,而在荷载高于先期固结压力后则逐渐趋于稳定。泥炭、强泥炭质土固结三阶段变形量的比例约为 6∶3∶1,中泥炭质土三阶段的变形量比例约为 5∶4∶1。弱泥炭质土在荷载大于先期固结压力后,三个固结阶段变形量比例约为 2∶2∶1。

(4) 泥炭土主固结阶段的应变速率随着荷载的增大先快速下降,当荷载大于先期固结压力后趋于稳定。次固结和第三固结阶段的应变速率则随着荷载变化在小范围内波动,且波动的离散程度随含水率的增大而线性增大,即随着含水率的增大,泥炭土次固结和第三固结阶段的应变速率的离散性逐渐增强。

(5) 烧失量相近而纤维含量较高的土样,均比纤维含量低的土样的固结量大、固结达到稳定所需时间长。这说明在有机质含量相近时,泥炭土中的植物残体对固结量及固结稳定所需时长的影响更大。

第 4 章 泥炭土的渗透特性

渗透系数反映渗透性的强弱,较大程度上影响着土体的固结变形规律,尤其对于含水率较高的泥炭土,渗透系数的变化在固结变形的非线性分析中尤为重要。因此本章利用变水头渗透仪及渗压仪,研究原状泥炭土的渗透各向异性及固结过程中竖向渗透系数的变化规律,为泥炭土地基的固结分析提供基础。

4.1 竖向渗透特性及渗透各向异性

4.1.1 竖向渗透特性

本书作者团队测试的泥炭土竖向渗透系数及相关文献中泥炭土的竖向渗透系数随孔隙比分布情况如图 4-1 所示。从图 4-1 中可以看出,泥炭土竖向渗透系数的数量级为 $10^{-2} \sim 10^{-10}$ cm/s,变化范围非常大,其变化范围跨越了细砂、粉砂到淤泥的全部范围。另外,国内泥炭土竖向渗透系数随孔隙比变化的规律与 Mesri 给出的相近,均随着孔隙比的增大而增大,但在孔隙比相同时,国内泥炭土的竖向渗透系数较 Mesri 提出的更大,这与泥炭土形成时的植物种类、气候等因素密切相关。

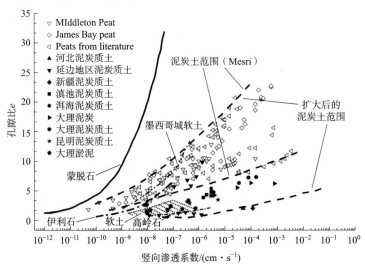

图 4-1 泥炭土竖向渗透系数-孔隙比关系

4.1.2 渗透各向异性

泥炭土中富含未分解的植物纤维,多为水平向分布,同时在上部荷载的长期作用下,易在水平方向上形成层状结构,导致其渗透系数具有显著的各向异性,如图 4-2 所示。

图 4-2 泥炭土典型的水平层状结构(昆明 27 m 深度处强泥炭质土)

为探究水平层状结构对泥炭土渗透性的影响,利用变水头渗透仪对取自大理西湖、昆明地区的原状土样,分别测试其基本物理化学性质及水平向、竖向渗透系数,测试结果见表 4-1。

表 4-1 泥炭土的物理化学性质

取样地点	取样深度/m	土样名称	含水率/%	容重/(kN·m^{-3})	孔隙比 e	有机质含量/%	k_h/(cm·s^{-1})	k_v/(cm·s^{-1})	k_h/k_v
大理西湖	0.5	泥炭	487	10.8	9.59	82.81	5.19×10^{-4}	6.63×10^{-5}	7.83
		泥炭	147.4	11.2	3.28	70.64	3.36×10^{-5}	1.02×10^{-5}	3.29
		泥炭	198.3	11.9	3.86	61.94	1.12×10^{-4}	5.28×10^{-5}	2.12
	0.5	强泥炭质土	214.6	11.5	4.31	57.68	1.31×10^{-4}	4.90×10^{-5}	2.67
		强泥炭质土	394.5	10.5	8.14	44.33	8.43×10^{-4}	5.24×10^{-5}	16.09
	1	淤泥	79.6	11.5	2.40	8.91	6.07×10^{-7}	5.47×10^{-7}	1.11
		淤泥	84.8	12.0	2.36	8.17	2.62×10^{-7}	3.24×10^{-7}	0.81
		淤泥	81.3	13.1	2.02	7.69	9.49×10^{-8}	9.71×10^{-8}	0.98
昆明地区	15	强泥炭质土	257.5	11.3	5.67	49.92	8.18×10^{-5}	1.77×10^{-7}	462.15
	19	中泥炭质土	178.6	12.6	3.66	34.12	7.78×10^{-6}	8.40×10^{-8}	92.62
	27	强泥炭质土	162.3	11.9	3.65	56.18	1.72×10^{-6}	4.13×10^{-8}	41.65
	38	强泥炭质土	234.9	12.0	4.89	45.22	2.45×10^{-8}	1.96×10^{-8}	1.25

由表 4-1 可知,泥炭土的水平方向渗透系数 k_h 为垂直方向渗透系数 k_v 的 1.25~462.15 倍,而淤泥仅为 0.81~1.11 倍,表明泥炭土的渗透系数具有非常明显的各向异性。西湖原状土样取自地表浅层(约 1 m),昆明原状土为深层泥炭土。表 4-1 中的数据对比表明取样

深度与 k_h/k_v 比值无显著关系。

Mesri 在对泥炭土渗透性的研究中,发现表层泥炭土的水平向渗透系数是垂直向系数的 3～5 倍;Dhowian 和 Edil 在研究中得出泥炭土水平向渗透系数约为垂直向渗透系数的 300 倍;Elsayed 在渗透试验研究中发现 Cranberry Bog 泥炭土的水平向渗透系数是垂直向渗透系数 10 倍左右。从前人的研究成果中可以看出泥炭土的水平向渗透系数大于垂直向渗透系数,本节中对云南大理、昆明地区泥炭土的研究中也得到了相同的结论。但是在各个地区泥炭土不同方向渗透系数的比值范围各不相同,表现出明显的区域性。这主要是因为在泥炭土形成过程中,受到外界环境的影响(如水文、地质、植物等),使得土体在微观结构和有机质成分中产生一定差异,而这些因素都对泥炭土的渗透性造成了影响。因此在一定区域范围内,泥炭土渗透性存在较为明显的差异。

4.2 固结过程中竖向渗透系数的变化规律

泥炭土具有较高的渗透性,在固结过程中,其渗透系数将发生显著变化。因此,本节使用智能双联变水头渗压仪,对大理西湖地区泥炭土固结过程中任意时刻的竖向渗透系数进行了连续测量。试样基本参数见表 4-2,试样直径 61.8 mm,高度 40 mm。固结时,空气压缩机可提供稳定的加载压力,当固结至任意时刻时,可锁住固结加载杆,通过开启渗透装置开关,进行变水头渗透系数测量试验。为突出泥炭土固结过程中渗透系数的变化特点,同时对西湖地区的淤泥进行了固结渗透试验,淤泥的基本参数见表 4-2。

表 4-2 试验土样的物理化学特性

取样深度/m	土样定名	含水率/%	容重/(kN·m^{-3})	孔隙比	有机质含量/%
0.5～1.0	泥炭	309.4	10.8	6.35	68.66
	强泥炭质土	355.3	10.5	7.37	52.92
	中泥炭质土	616.7	9.8	11.55	37.61
	弱泥炭质土	148.0	10.1	3.22	15.90
1	淤泥	100.3	14.2	2.07	9.11

4.2.1 渗透系数随固结压力的变化规律

泥炭土固结过程中的竖向渗透系数随荷载的变化曲线如图 4-3 所示。由图 4-3 可知,大理西湖地区泥炭土的渗透系数远大于淤泥质土,400 kPa 加载后泥炭土的渗透系数仍为淤泥质土的 50 倍以上;大理西湖泥炭土的渗透系数随着荷载的增大迅速下降,而后逐渐趋于稳定,在 200 kPa 荷载前的下降比例均超过 99%。因此,在计算分析中,将泥炭土的渗透系数视为定值的方法会产生较大偏差。

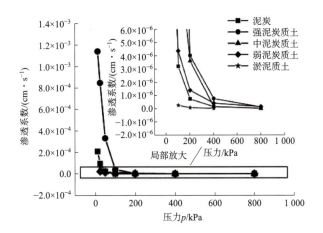

图 4-3　渗透系数随荷载变化曲线

4.2.2　渗透系数随时间的变化规律

四种典型泥炭土在各级压力下的渗透系数随时间的变化曲线如图 4-4 所示。从图 4-4 中可以看出,四种典型泥炭土的渗透系数在固结加载初期迅速下降,而后下降速率逐渐降低并趋于稳定。

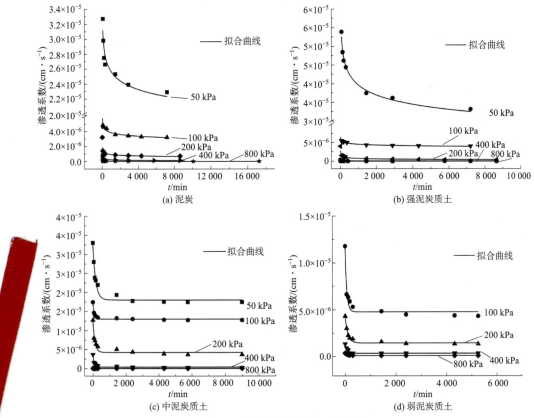

图 4-4　渗透系数随时间变化曲线

将图 4-4 中不同泥炭土在各级荷载下的渗透系数与时间的拟合表达式汇总见表 4-3。

表 4-3 渗透系数随时间的变化关系

土样名称	压力 p/kPa	拟合表达式	复相关系数	m	n
泥炭	50	$y=4.15\times10^{-5}x^{0.06972}$	0.893	4.15×10^{-5}	0.069 72
	100	$y=7.43\times10^{-6}x^{0.09479}$	0.954	7.43×10^{-6}	0.094 79
	200	$y=2.52\times10^{-6}x^{0.14517}$	0.964	2.52×10^{-6}	0.145 17
	400	$y=1.15\times10^{-6}x^{0.23728}$	0.986	1.15×10^{-6}	0.237 28
	800	$y=1.64\times10^{-7}x^{0.28449}$	0.911	1.64×10^{-7}	0.284 49
强泥炭质土	50	$y=7.92\times10^{-5}x^{0.10018}$	0.985	7.92×10^{-5}	0.100 18
	100	$y=7.40\times10^{-6}x^{0.12703}$	0.980	7.40×10^{-6}	0.127 03
	200	$y=4.88\times10^{-6}x^{0.19752}$	0.987	4.88×10^{-6}	0.197 52
	400	$y=5.59\times10^{-7}x^{0.23159}$	0.994	5.59×10^{-7}	0.231 59
	800	$y=1.61\times10^{-7}x^{0.29304}$	0.944	1.61×10^{-7}	0.293 04
中泥炭质土	50	$y=3.89\times10^{-5}x^{0.09559}$	0.936	3.89×10^{-5}	0.095 59
	100	$y=1.58\times10^{-5}x^{0.042}$	0.916	1.58×10^{-5}	0.042
	200	$y=4.55\times10^{-6}x^{0.16528}$	0.977	4.55×10^{-6}	0.165 28
	400	$y=1.62\times10^{-6}x^{0.25122}$	0.964	1.62×10^{-6}	0.251 22
	800	$y=8.39\times10^{-8}x^{0.3589}$	0.941	8.39×10^{-8}	0.358 90
弱泥炭质土	100	$y=9.93\times10^{-7}x^{0.09882}$	0.969	9.93×10^{-7}	0.098 82
	200	$y=5.63\times10^{-7}x^{0.1757}$	0.901	5.63×10^{-7}	0.175 70
	400	$y=1.81\times10^{-7}x^{0.20452}$	0.894	1.81×10^{-7}	0.204 52
	800	$y=5.66\times10^{-8}x^{0.17665}$	0.896	5.66×10^{-8}	0.176 65

从表 4-3 中可以看出,渗透系数随时间呈现出幂函数关系,其复相关系数 R^2 最低值为 0.893。根据其拟合表达式写出通用公式:

$$k=m\times t^{-n} \tag{4-1}$$

式中 k——竖向渗透系数,cm/s;

t——时间,min;

m,n——拟合参数。

计算参数 m 和 n 随荷载变化曲线如图 4-5 所示。从图 4-5(a)可知参数 m 随荷载的变化规律符合反三次幂关系,其计算公式可表示为

$$m=\frac{a}{p^3} \tag{4-2}$$

式中 p——固结压力,kPa;

a——拟合参数。

当取 $a=e_0$(初始孔隙比)时,相关系数 R^2 大于 0.9,与现有研究中初始孔隙比会影响渗

透性的结论相一致,即公式(4-2)可表示为公式(4-3),计算结果如图4-5(a)所示。

$$m=\frac{e_0}{p^3} \tag{4-3}$$

图4-5(b)为参数n随荷载变化曲线,其变化规律满足公式(4-4),通过非线性拟合,泥炭土在相关系数R^2大于0.9的情况下均可表示为公式(4-5),其计算结果如图4-5(b)所示。

$$n=b\times p^{\frac{1}{2}} \tag{4-4}$$

$$n=0.01p^{\frac{1}{2}} \tag{4-5}$$

式中 b——计算参数。

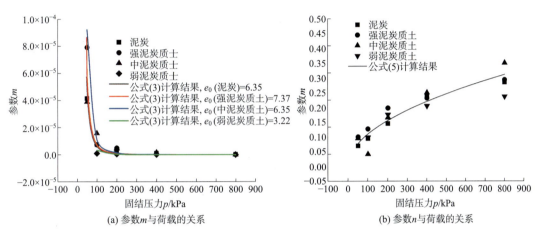

(a) 参数m与荷载的关系 (b) 参数n与荷载的关系

图4-5 参数m和n随荷载变化曲线

将公式(4-3)和公式(4-5)带入式(4-1),得到竖向渗透系数在荷载条件下随时间的变化函数如式(4-6)所示。

$$k_{p,t}=\frac{e_0 t^{-0.01\sqrt{p}}}{p^3} \tag{4-6}$$

式中 $k_{p,t}$——荷载为p时t时刻的渗透系数。

4.2.3 不同固结阶段渗透系数变化规律

参照3.3.1节各个固结阶段结束时间,统计得到固结不同阶段结束时的渗透系数见表4-4。

表4-4 各个固结阶段结束时的渗透系数 cm·s^{-1}

编号	压力/kPa	开始前	主固结阶段结束	次固结阶段结束	第三固结阶段结束
泥炭	50	9.42×10^{-5}	3.27×10^{-5}	2.39×10^{-5}	2.29×10^{-5}
	100	2.29×10^{-5}	4.75×10^{-6}	3.59×10^{-6}	3.24×10^{-6}
	200	3.22×10^{-6}	1.30×10^{-6}	7.49×10^{-7}	7.23×10^{-7}

续上表

编号	压力/kPa	开始前	主固结阶段结束	次固结阶段结束	第三固结阶段结束
泥炭	400	7.22×10^{-7}	3.18×10^{-7}	1.45×10^{-7}	1.35×10^{-7}
	800	1.35×10^{-7}	2.41×10^{-8}	1.74×10^{-8}	9.98×10^{-9}
强泥炭质土	50	8.48×10^{-5}	5.39×10^{-5}	3.62×10^{-5}	3.32×10^{-5}
	100	3.32×10^{-5}	5.29×10^{-6}	4.19×10^{-6}	4.03×10^{-6}
	200	3.93×10^{-6}	1.19×10^{-6}	4.89×10^{-7}	4.09×10^{-7}
	400	4.01×10^{-7}	1.69×10^{-7}	7.89×10^{-8}	7.47×10^{-8}
	800	7.47×10^{-8}	3.01×10^{-8}	1.39×10^{-8}	1.21×10^{-8}
中泥炭质土	50	3.30×10^{-5}	2.36×10^{-5}	1.93×10^{-5}	1.74×10^{-5}
	100	1.74×10^{-5}	1.40×10^{-5}	1.33×10^{-5}	1.27×10^{-5}
	200	1.27×10^{-5}	7.00×10^{-6}	5.00×10^{-6}	3.60×10^{-6}
	400	3.60×10^{-6}	1.30×10^{-6}	5.50×10^{-7}	1.50×10^{-7}
	800	1.50×10^{-8}	3.00×10^{-9}	1.00×10^{-9}	3.80×10^{-10}
弱泥炭质土	100	1.18×10^{-5}	6.37×10^{-6}	4.87×10^{-6}	4.36×10^{-6}
	200	4.36×10^{-6}	2.30×10^{-6}	1.61×10^{-6}	1.38×10^{-6}
	400	1.38×10^{-6}	7.41×10^{-7}	4.04×10^{-7}	4.01×10^{-7}
	800	4.01×10^{-7}	2.40×10^{-7}	1.53×10^{-7}	1.39×10^{-7}

根据表 4-4 中的数据计算不同时刻的渗透系数下降百分比。根据不同荷载下的渗透系数下降百分比的平均值及方差绘制的曲线如图 4-6 所示。从图 4-6 中可以看出,渗透系数主要在主固结阶段产生下降,泥炭、强泥炭质土、中泥炭质土以及弱泥炭质土的下降比例分别为 82.6%、75.1%、68.8%、67.1%,其下降比例随着有机质含量的降低而降低,但均超过了 60%。在次固结阶段,四种泥炭土渗透系数的下降比例分别为 15.0%、21.3%、22.0%、26.1%,随着有机质含量的降低而逐渐增大。在第三固结阶段,四种泥炭土渗透系数下降比例仅为 2.4%、2.6%、9.2% 和 6.8%。三个固结阶段的渗透系数变化表明,泥炭土的渗透系数降低主要集中在主固结与次固结阶段,而在持续时间最长的第三固结阶段下降极低,表明泥炭土试样中的连通孔隙主要在主固结阶段和次固结阶段产生压缩,而在第三固结阶段,连通孔隙未发生显著变化。

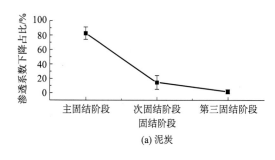

(a) 泥炭

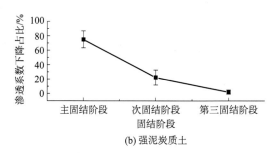

(b) 强泥炭质土

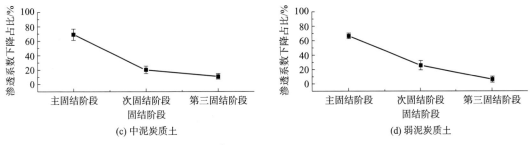

图 4-6 渗透系数分阶段下降百分比

通过对试验中固结变形曲线进行求导可以获得固结压缩速率曲线,如图 4-7 所示。从图 4-7 可以看出,泥炭土的固结压缩速率(v)曲线与图 4-4 渗透系数(k)曲线具有相似的变化规律以及相同的单位,计算渗透系数与压缩速率的比值 $C(C=k/v)$,比值 C 与时间的关系如图 4-8 所示。从图 4-8 可以看出,在次固结阶段结束前,泥炭土的渗透系数与压缩速率的比值 C 与时间具有显著的线性正相关关系,19 组拟合直线的相关系数(R^2)最低为 0.871,平均值为 0.959,所以渗透系数和压缩速率存在明确的函数关系,其关系式见式(4-7)。

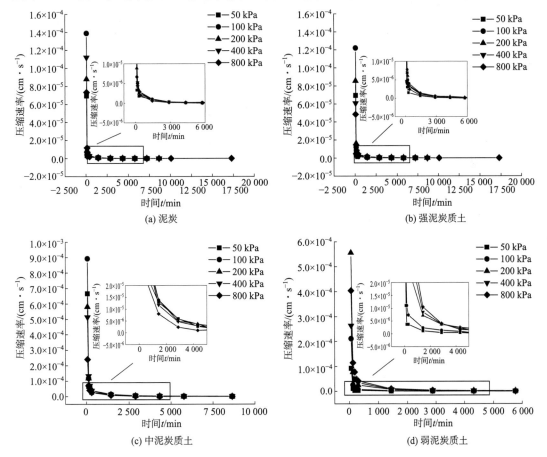

图 4-7 压缩速率变化曲线

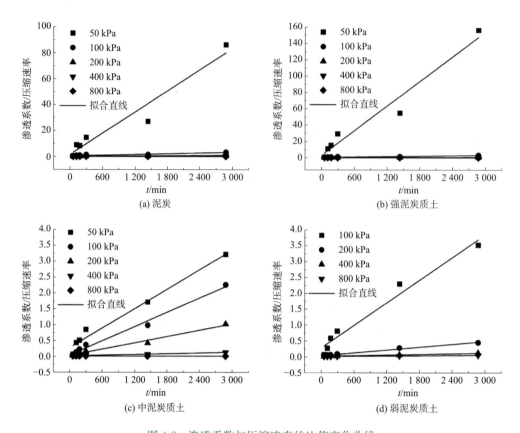

图 4-8 渗透系数与压缩速率的比值变化曲线

$$k/v = Ct \tag{4-7}$$

式中　k——渗透系数,cm/s;

　　　v——固结压缩速率,cm/s;

　　　t——时间,min;

　　　C——拟合直线斜率。

本章小结

本章主要通过固结-渗透联合试验系统对泥炭土固结过程中的渗透系数进行了测试,结合泥炭土固结三阶段对其变化规律进行了分析,得到以下主要结论:

(1) 泥炭土竖向渗透系数的数量级为 $10^{-2} \sim 10^{-10}$ cm/s,变化范围非常大。我国泥炭土竖向渗透系数随孔隙比变化的规律与 Mesri 给出的相近,均随着孔隙比的增大而增大,但在孔隙比相同时,我国泥炭土的竖向渗透系数较 Mesri 提出的更大。

(2) 云南泥炭土的水平方向渗透系数 k_h 为垂直方向渗透系数 k_v 的 1.25~462.15 倍,而当地淤泥的为 0.81~1.11 倍,表明泥炭土具有非常显著的渗透各向异性。

(3)泥炭土的渗透系数 k 在荷载加载初期迅速下降,而后缓慢下降并趋于稳定,建立了根据初始孔隙比、荷载以及加载时间计算加载任意时刻的渗透系数的计算式。

(4)泥炭土的渗透系数降低主要集中在主固结与次固结阶段,而在持续时间最长的第三固结阶段下降极低,表明泥炭土试样中的连通孔隙主要在主固结阶段和次固结阶段产生压缩,而在第三固结阶段,连通孔隙未发生显著变化。在主、次固结阶段,渗透系数 k_v 与固结压缩速率的比值 C,具有随时间的推移而逐渐线性增大的变化规律。

第 5 章　泥炭土的固结机理

对泥炭土的微观形貌已经开展了一些研究,发现泥炭土中普遍存在架空结构,且架空孔隙的孔径比土颗粒间孔隙的孔径更大。对于泥炭土的固结机理,早期主要是从孔隙中水的变化分析泥炭土的变形机理。近年来,随着泥炭土固结过程研究的不断发展,越来越多的研究人员提出泥炭土具有第三固结阶段的特征,也有研究人员提出有机质的分解会影响泥炭土的变形过程。另一方面,有研究结论指出,土壤的蠕变主要是由于结合水的排出而引起的。总体来讲,关于泥炭土的固结机理取得了一些研究成果,但关于泥炭土固结过程中微观结构的变化规律需要进一步研究,而泥炭土固结过程中不同种类水的变化规律及有机质的变化规律仍有待研究。鉴于此,本章通过电镜扫描(SEM)、热重分析、烧失量及总氮含量测试等方法,对不同种类泥炭土固结过程中的孔隙结构、不同种类的水及有机质含量、总氮含量等的变化规律进行分析,研究不同固结阶段的排水和非排水引起的变形比例,揭示泥炭土的固结机理。

5.1　泥炭土微观结构变化规律

5.1.1　原状泥炭土微观形貌及孔隙类型

土体中的固相通常由矿物颗粒、有机质和生物组成。土体中的生物主要包括微生物、动物及植物残体,但土体中的微生物和动物残体占比相对较少,在研究中可以忽略。对一般土体,其矿物颗粒占土体总重的95%以上,而对泥炭土,其有机质含量占比则较高。因此,泥炭土可以看成是由矿物颗粒、植物残体及其分解和合成的各种有机物质(如胡敏素、胡敏酸、富里酸等腐殖酸)组成的。本节采用中科科仪公司生产的KYKY-6200型扫描电子显微镜对3.3节中6种泥炭土的微观形貌开展研究。

1. 泥炭土中固相物质的微观形貌

(1)植物残体

选择烧失量、纤维含量均较高的大理西湖地区土样(X1)进行植物残体观测。X1土样不同放大倍数时的SEM图像如图5-1~图5-6所示。

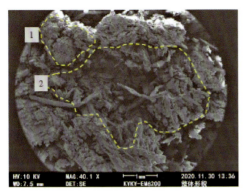

图 5-1　40 倍下整体形貌

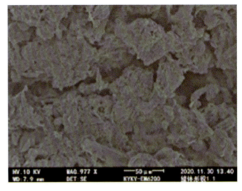

图 5-2　1 000 倍下"区域 1"微观形貌

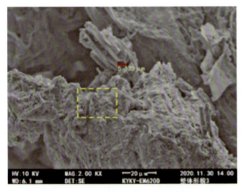

图 5-3　2 000 倍下植物残体和土颗粒(区域 1)

图 5-4　12 000 倍下分解细碎的植物残体(区域 1)

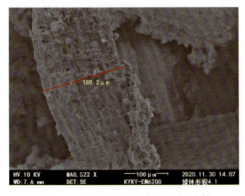

图 5-5　500 倍下"区域 2"植物残体

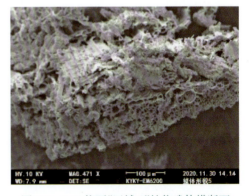

图 5-6　500 倍下"区域 2"植物残体横断面

首先,通过 40 倍下的 SEM 图像(图 5-1)可以观察到,虽然没有明显的边界,但图像整体上由两种典型的形貌组成,如图 5-1 中"区域 1"和"区域 2"所示。"区域 1"所代表区域在此放大倍数下不能详细识别,"区域 2"代表含有较多保存较为完整的植物残体的区域。

将"区域 1"放大得到图 5-2,从图 5-2 中可以看到,该区域由较小的植物残体和附着在上面的矿物颗粒构成,其中含有较多 5~30 μm 的孔隙结构。将区域一所示形貌继续放大至 2 000 倍,得到图 5-3,可以看到长度约为 20 μm 并保留有一定孔隙结构的植物残体。将

图 5-3 中黄色虚线范围内的区域放大至 12 000 倍得到图 5-4,可以看到其中的矿物颗粒和已经丧失植物形态的长条状植物纤维。

对"区域 2"中的部分植物残体进一步放大的图像如图 5-5、图 5-6 所示。图中显示这些植物残体较长且尚保持较好的形态,表面吸附有黏土碎片,且内部有丰富联通的孔隙结构。从残体周围黑色的真空区域可知,这些植物残体周围并未被土颗粒紧紧包裹,也并未与其他残体紧密接触,因此在自然状态下这些植物残体大部分以"悬浮"在四周的孔隙水中的状态存在,从而形成大量的植物残体间的架空孔隙。较大植物残体的直径达 200 μm,在植物纤维的横断面内部也存在大量孔隙,直径约为 $5 \sim 15$ μm 的孔隙(图 5-6)。

(2)腐殖酸

通过上述观察结果可知,由于植物残体具备一定的植物形态,因此可以直接从 SEM 图像中将其识别出来。但是,腐殖酸的形貌及在土中的分布方式不能直接通过 SEM 图像识别出来。因此,通过对比碱溶液萃取法提取的腐殖酸、碱溶液煮沸后分离出的矿物颗粒以及原状土中矿物颗粒的扫描电子显微镜(SEM)结果,对腐殖酸的形貌以及在泥炭土中的分布进行探究。

将 3.3 节用碱溶液萃取法提取所得腐殖酸冻干后进行扫描电镜微观观察,其微观图像如图 5-7 所示。从 100 倍下可以看到腐殖酸被萃取后胶结成块,又因干燥而破碎,其固体颗粒并没有呈现明显的结晶状或棒状结构。在 10 000 倍下(图 5-8)可以看到,腐殖酸表面光滑,未观察到明显的孔隙结构。另外,由相关研究成果可知,土体中的腐殖酸是一类以芳香化合物或其聚合物为核心,复合了其他类型有机物质(如脂肪酸、蛋白质等)的有机复合体,与黏土矿物紧密结合以有机-无机复合体的方式存在。由此可知,腐殖酸本身不包含孔隙,腐殖酸与黏土矿物之间也不存在孔隙。

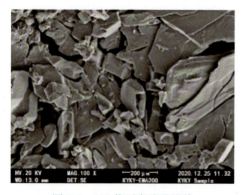

图 5-7　100 倍下腐殖酸形貌

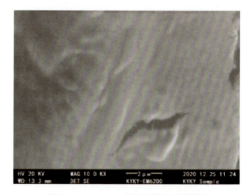

图 5-8　10 000 倍下腐殖酸形貌

2. 泥炭土中的孔隙类型

通过上述研究可知,泥炭土中的腐殖酸本身不包含孔隙,腐殖酸与黏土矿物颗粒之间也不存在孔隙。因此,从土中固体颗粒组成上考虑,泥炭土中的孔隙可以分为矿物颗粒间孔隙、植物残体间的架空孔隙、植物残体内部孔隙以及植物残体和矿物颗粒间的孔隙四类。前三类孔隙的存在通过前述微观形貌辨识及已有成果得到了证明,但是由于植物残体尺寸较大,土中的粉黏粒较小,这两者之间是否能够形成孔隙结构还需要进一步分析。

相较于粉粒和黏粒的尺寸,泥炭土中植物残体的尺寸较大。如 Landva 通过研究发现,泥炭土中残留的植物茎的长度在 500~1 200 μm 之间,宽度在 100~600 μm 之间。而在土力学中,一般将尺寸在 75 μm 以下的颗粒划分为粉粒和黏粒。植物残体和矿物颗粒间的尺寸差距较大,因此,泥炭土中植物残体和矿物颗粒间的孔隙结构可以忽略。

综上所述,泥炭土中的孔隙结构主要可以分为三种,即腐殖酸包裹的矿物颗粒形成的矿物颗粒间孔隙、植物残体内部孔隙(以下简称植物内部孔隙)和植物残体间的架空孔隙(以下简称植物间孔隙)。

5.1.2 不同荷载等级下泥炭土中的孔隙变化规律

1. 泥炭土中孔隙的定量分析方法

通过上述研究可知,泥炭土中主要包括三种孔隙,为进一步明确泥炭土在固结过程中孔隙的变化规律,需要对泥炭土不同条件下的 SEM 图像中的孔隙进行定量研究。由于泥炭土中的植物残体具有较为清晰的边界,而在 2 000~5 000 倍下腐殖酸包裹矿物颗粒所形成的细小孔隙结构也具有较为清晰的边界,因此本节借助图像分析软件 IPP(imagine pro plus,IPP)直接对指定区域的 SEM 图像面积大小进行统计分析。

由于泥炭土中的孔隙尺寸相差较大,而扫描电子显微镜的观察范围和图像分辨率有限,因此需要通过选定每种孔隙对应的放大倍数,分析各种孔隙结构在观察范围内所占 SEM 图像面积的比例,来实现对泥炭土孔隙结构的定量分析。

经过大量的观察分析,在保证观察范围和研究对象清晰可辨别的基础上,确定的泥炭土中各种孔隙适宜的放大倍数为植物残体间的孔隙可以通过放大 200 倍左右的 SEM 图像进行观测;植物残体内部的孔隙结构可以通过在 2 000 倍左右下植物残体横截面的 SEM 图像进行观测,而矿物颗粒间的孔隙可以通过放大 5 000 倍进行观测。不同放大倍数下三种孔隙的划分结果如图 5-9~图 5-11 中曲线圈定范围所示。

图 5-9　5 000 倍下矿物间孔隙

图 5-10　2 000 倍下植物内部孔隙

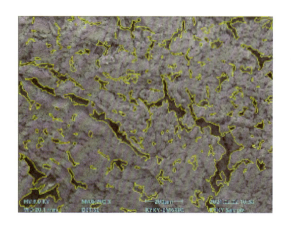

图 5-11　200 倍下植物间孔隙

通过 IPP 软件，可以得到所选孔隙范围内全部孔隙的像素面积 S_p，由于整幅图片的像素面积 S_t 是确定的（1 024×768），因此通过式（5-1）可得该图像中孔隙所占图像面积的比例 R。

$$R=(S_p/S_t)\times 100\%\tag{5-1}$$

式中　S_p——孔隙结构的像素面积；

S_t——整幅图片的像素面积。

2. 不同泥炭土固结前后孔隙面积占比的变化

3.3 节中 6 种泥炭土试样固结前及单向固结试验结束（800 kPa 荷载固结稳定）时不同孔隙结构占 SEM 图像面积比例的变化如图 5-12 所示，6 种土样固结前后不同孔隙面积占比下降率如图 5-13 所示。孔隙面积占比下降率＝（固结前孔隙面积占比－固结后孔隙面积占比）/固结前孔隙面积占比。

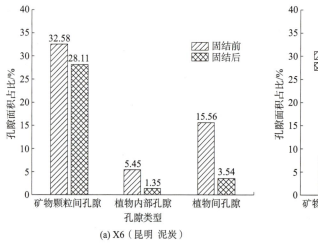
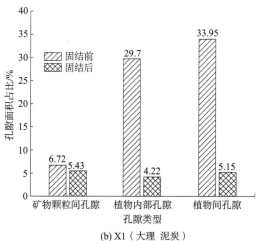

(a) X6（昆明 泥炭）　　　(b) X1（大理 泥炭）

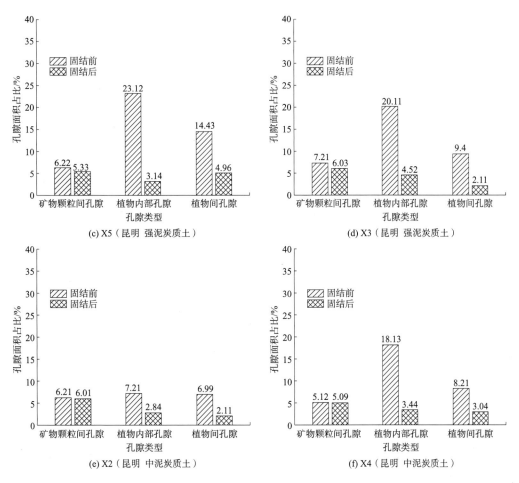

图 5-12　6 种泥炭土试样固结前后不同孔隙结构面积占比

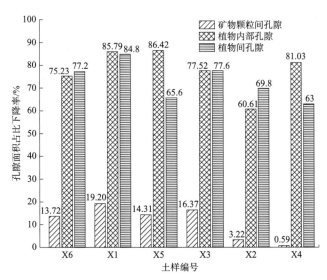

图 5-13　6 种泥炭土样固结前后不同孔隙结构面积占比下降率

从图 5-12、图 5-13 可以看出，在固结完成后六种土样中植物内部孔隙和植物间孔隙均发生了大幅度下降，其中植物内部孔隙面积占比下降率的范围为 60.61%～86.42%，植物间孔隙面积占比下降率的范围为 62.97%～84.83%。矿物颗粒间的孔隙面积占比下降率范围为 0.59%～19.20%，远小于植物内部孔隙和植物间孔隙面积占比下降率。因此，对泥炭、强泥炭质土、中泥炭质土，在固结过程中被压缩的主要孔隙结构均为植物内部孔隙及植物间孔隙。

3. 泥炭固结过程中孔隙面积占比的变化

通过上述研究可知，植物形态保存完好的植物残体间的架空孔隙及植物残体内部孔隙的压缩是导致泥炭土固结量大、固结持续时间长的主要原因。因此选择大理西湖地区纤维含量高、植物形态较好的泥炭(X1)，开展不同荷载等级下固结过程中的孔隙结构变化研究。

通过单向固结试验的 e-$\lg t$ 曲线可知，大理西湖泥炭试样(X1)主固结完成时间约为 200 min。因此可以通过对比分析 X1 土样在 50 kPa、200 kPa 和 800 kPa 荷载下，主固结完成以及固结稳定(固结速率达到 0.01 mm/d)时土样的孔隙面积占比变化情况，来分析大理西湖泥炭在不同固结荷载和不同固结阶段植物内部孔隙及植物间孔隙的变化规律，如图 5-14 和图 5-15 所示。

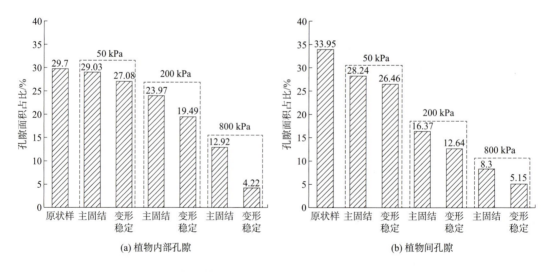

图 5-14　不同荷载等级、不同固结阶段泥炭孔隙面积占比变化情况

从图 5-14、图 5-15 可以看出，泥炭试样中植物内部孔隙和植物间孔隙在荷载作用下不断被压缩，但不同荷载和固结阶段下土样中植物内部孔隙和植物残体间孔隙的变化规律并不同。在 50 kPa、200 kPa、800 kPa 荷载下固结完成时，植物残体内部孔隙面积占比下降量分别为 2.62%、7.59% 和 15.27%，即随着荷载等级的提高，植物内部孔隙面积占比下降量持续增大；而植物间的孔隙面积占比下降量分别为 7.49%、13.82% 和 7.49%，即随着荷载

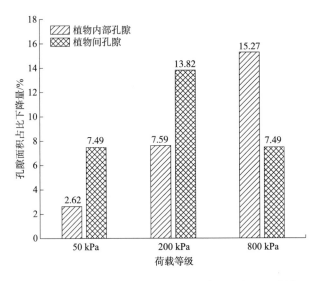

图 5-15　不同荷载下固结稳定时孔隙面积占比下降量

等级的提高，植物间孔隙面积占比下降量先增大后减小，在 200 kPa 荷载下植物间孔隙面积占比下降量最大。由此说明，当荷载小于 200 kPa 时，西湖泥炭试样的压缩变形主要由植物间孔隙压缩、孔隙中水分的排出引起；当荷载大于 200 kPa 时，植物内部孔隙的压缩及其中水分的排出是西湖泥炭试样压缩变形的主要来源。

不同荷载下主固结阶段孔隙面积占比下降率如图 5-16 所示。主固结阶段孔隙面积占比下降率为主固结结束时土样中孔隙面积占比下降量与该级荷载下变形稳定时孔隙面积下降量的比值。

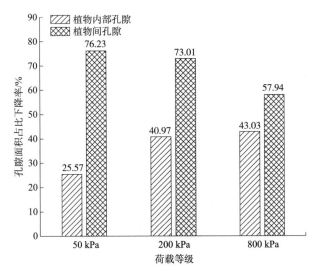

图 5-16　不同荷载下主固结阶段孔隙面积占比下降率

从图 5-16 可以看出，在不同荷载等级下，主固结阶段植物内部孔隙面积占比下降率随着荷载等级的提高而增大，植物间孔隙面积占比下降率随着荷载等级的提高而减小。但是在试验的荷载水平范围内，植物内部孔隙占比下降率均小于 50%，而植物间孔隙面积占比下降率均大于 50%。由此说明在不同荷载下，主固结阶段的压缩变形主要由植物间孔隙的压缩引起，次固结阶段的压缩变形主要由植物内部孔隙的压缩引起。

5.2　泥炭土中不同种类水的变化规律

泥炭土由于具有含水率高、沉降量大、沉降时间长等特点而越来越受到工程界与学术界的重视。现有研究表明，结合水含量的高低影响着土的强度以及蠕变变形，而泥炭土较高的蠕变变形与其中不同种类水的变化是否相关仍待研究。基于此，本节针对云南省不同有机质含量的泥炭土进行了单向固结试验，首先结合固结三阶段理论计算各阶段持续时间。在此基础上，通过设置不同荷载等级下的加载时间，测得不同固结阶段结束时的含水率。同时，通过热重分析仪测量其自由水、弱结合水以及强结合水的质量百分比，分析不同种类水的变化规律。

5.2.1　泥炭土热重曲线特征分析

热重分析仪通过精确控制升温速度，测量坩埚中试样的实时质量获得失重曲线，即 TG (thermo gravimetric, TG) 曲线，通过数据分析软件对 TG 曲线进行微分，获得 DTG (derivative thermo gravimetry, DTG) 曲线，由 DTG 曲线的波谷区分不同的失重物质。但土壤试样中自由水和弱结合水的失重温度较为相近，所以使用 DTG 曲线的波谷无法明确区分自由水与弱结合水，而通过临界温度区分土中不同种类的水仍是目前的通用方法之一。

Kucerik 等研究人员通过总结分析大量包含有机物的土壤样本的热重分析数据，得到了不同种类水以及有机物的分解温度区间，提出弱结合水会在温度小于约 100 ℃时产生失重，强结合水在约 100 ℃~200 ℃失重，有机质在约 200 ℃~550 ℃失重。Li 根据热重吸附曲线，提出自由水在约 60 ℃前产生失重，其 TG 曲线在 60 ℃~108 ℃（弱结合水失重阶段）为一段直线。本节在其他研究人员的研究结论的基础上，通过分析试验数据，提出泥炭土的失重温度区间。以泥炭 100 kPa 不同固结阶段结束时试样的热重曲线进行分析，如图 5-17 所示。

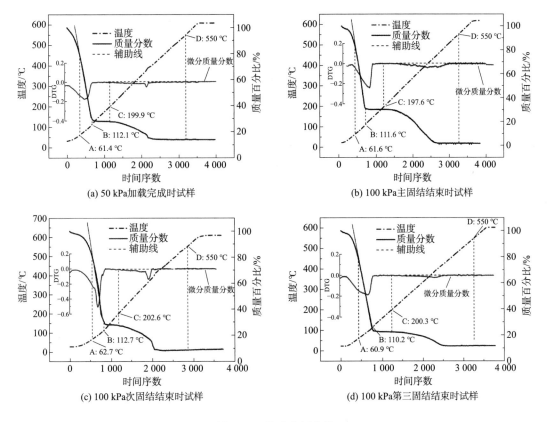

图 5-17 热重分析曲线

从图 5-17 可以看出，与其他研究人员结论一致，由于泥炭失水较连续，其自由水与弱结合水的失重区间无法根据 DTG 曲线直接区分。从 TG 曲线可以看出，随着温度的升高，质量百分比初期缓慢减小，但速率逐渐增大，随后快速线性减小。达到一定温度后，速率迅速降低，并以较低速率减小一段时间后，当温度超过 200 ℃，DTG 曲线出现波谷。通过分析 TG 曲线与 DTG 曲线的变化规律，可以将泥炭土的质量百分比下降过程划分为四个阶段，首先，延长初期快速降低的直线两端，与 TG 曲线的分离点记为 A 点和 B 点，根据 DTG 曲线的第二个波谷开始和结束的位置，确定 C 点和 D 点。

综上所述，温度大于 A 点温度后，试样质量百分比下降速度产生变化，表明此温度前后失重速度不同，所以，以 A 点划分自由水和弱结合水失重阶段。当温度大于 B 点温度后，失重曲线以极低速度缓慢下降，此时弱结合水完全失重，强结合水缓慢失重。当温度超过 C 点后，泥炭土的质量百分比再次加速下降，直至 D 点，此时是高温条件下的有机质失重过程。

根据上述方法确定泥炭、强泥炭质土、中泥炭质土、弱泥炭质土分别在不同荷载等级、不同固结阶段时的 A、B、C 三点数据，如图 5-18 所示。从图 5-18 中可以看出，四种典型泥炭土的失重温度区间较为一致，三个点的平均值分别为 60.2 ℃、109.0 ℃、200.2 ℃。

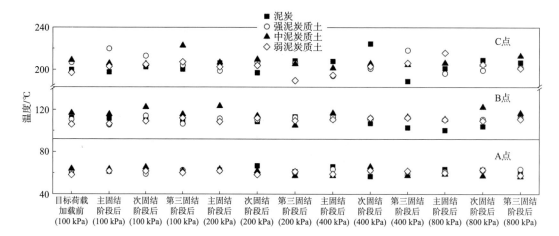

图 5-18　热重曲线划分 A、B、C 点数据

所以，泥炭土中不同种类水的失重区间为：自由水在温度小于约 60 ℃时失重，弱结合水在约 60 ℃～110 ℃失重，强结合水在 110 ℃～200 ℃失重，约 200 ℃以上为有机质失重。因为含水率为水与土壤颗粒的质量比，所以热重数据与不同种类水的含水率的计算关系见公式(5-2)～公式(5-6)。

$$\omega_T = (100\% - G_{200})/G_f \tag{5-2}$$

$$\omega = (100\% - G_{60})/G_f \tag{5-3}$$

$$\omega_{wb} = (G_{60} - G_{110})/G_f \tag{5-4}$$

$$\omega_{sb} = (G_{110} - G_{200})/G_f \tag{5-5}$$

$$\omega_b = \omega_{wb} + \omega_{sb} \tag{5-6}$$

式中　ω_T——总含水率，％；

　　　ω——自由水含水率，％，即为一般含水率；

　　　ω_{wb}——弱结合水含水率，％；

　　　ω_{sb}——强结合水含水率，％；

　　　ω_b——结合水含水率，％；

　　　G_i——温度为 i 时土样的剩余质量百分比，％；

　　　G_f——试验结束时土样的质量百分比，％，即为土壤颗粒质量百分比。

5.2.2　不同种类水的分阶段变化规律

根据 5.2.1 节提出的不同种类水的失重温度区间，计算泥炭土不同种类水含水率，包括自由水、弱结合水以及强结合水。为了减少试样差异导致的总含水率的变化，统一分析其变化规律，计算不同种类水占总含水率的比值，计算方法见公式(5-7)～公式(5-9)。计算结果如图 5-19 所示。

$$Z_f = \omega/\omega_T \tag{5-7}$$

$$Z_{wb} = \omega_{wb}/\omega_T \tag{5-8}$$

$$Z_{sb} = \omega_{sb}/\omega_T \tag{5-9}$$

式中　Z_f——自由水含水率占总含水率的比例；

　　　Z_{wb}——弱结合水含水率占总含水率的比例；

　　　Z_{sb}——强结合水含水率占总含水率的比例。

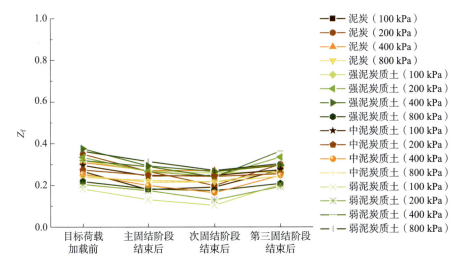

(a) 自由水含水率占总含水率的比例

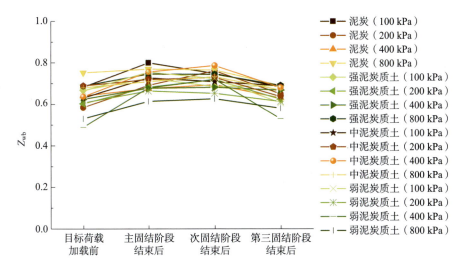

(b) 弱结合水含水率占总含水率的比例

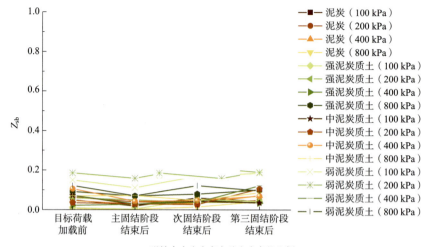

(c) 强结合水含水率占总含水率的比例

图 5-19　不同种类水的比例变化

从图 5-19 中可以看出，四种典型泥炭土中不同种类水的变化比例具有较高的一致性。在主固结阶段，自由水含量的比例下降了约 10%，在次固结阶段略有下降或保持稳定，在第三固结阶段逐渐升高至略低于加载前的数值。弱结合水含量的比例在主固结阶段有所增加，在次固结阶段少量有增加或保持稳定，在第三固结阶段减少了约 11%。对于强结合水含量的百分比，没有显著的变化规律，但总体而言，百分比在较小范围内波动，最终值的比例略有增加。计算图 5-19 中各组数据带有误差棒的均值数据，结果如图 5-20 所示。

不同种类水含水率占总含水率的比例代表其相对含量。从图 5-20 可以看出，荷载施加初期，即主固结阶段，自由水比例降低，弱结合水比

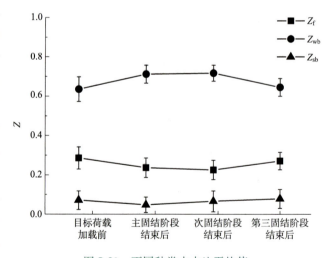

图 5-20　不同种类水占比平均值

例升高，即该阶段在外力的作用下，自由水快速排出，弱结合水排出量低于自由水或未排出；当加载至次固结阶段时，自由水比例下降趋缓，弱结合水比例变化同样趋于缓慢，强结合水比例有所增高，表明此时自由水与弱结合水同时减少，应处于二者同时排出的阶段，因为相对比例保持稳定，则两种水排出比例约为 1∶1；当加载持续至第三固结阶段，自由水比例升高，弱结合水比例降低，此时主要为弱结合水的排出。在荷载的作用下，自由水比例在完整加载过程中有少量下降，弱结合水比例则有少量升高，强结合水在波动中有少量升高，这主要是因为三种状态的水结

合力的大小依次升高,在外荷载的作用下,结合力更小的自由水势必会在变化过程中排出更多,结合力最大的强结合水排出最少或者不排出,但随着总体含水率的降低,其比例随之增大。

综上所述,泥炭土在第三固结阶段以排出结合水为主,排水速率较慢,所以第三固结阶段变形持续时间较长。而在主、次固结阶段,泥炭土主要排出自由水,排水速率相对较快,主、次固结阶段持续时间也较短。总体来讲,泥炭土在宏观上表现出的长时间的蠕变变形主要是由于结合水的排出引起的。这与已有研究结论一致,即土壤的蠕变主要是由于结合水的排出而引起的。

5.2.3 自由水与结合水的比值规律

根据 Lu 和 Zhang 的结论,高岭土及蒙脱石的土壤保水率曲线具有如图 5-20 所示关系,即在未达到某一含水率时,水均以结合水形式存在,而达到某一阈值后,随着含水率的增加,结合水保持不变,而自由水不断增加。对于泥炭土,根据公式(5-3)与公式(5-6)计算稳定状态试样的自由水与结合水含量,结果如图 5-21 所示。

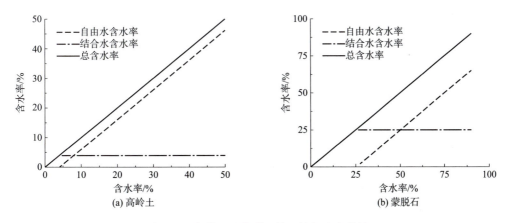

图 5-20 高岭土及蒙脱石的土壤保水率曲线

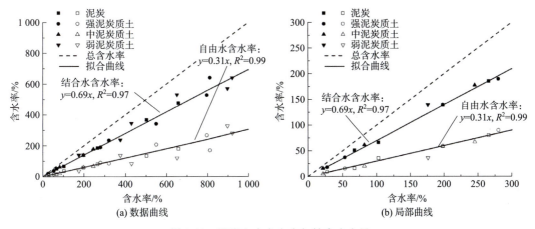

图 5-21 泥炭土中自由水与结合水含量

注:实心符号表示结合水,空心符号表示自由水。

对图 5-21 中自由水、结合水含水率与总含水率测试结果进行数据拟合,见公式(5-10)、公式(5-11),其相关系数 R^2 均大于 0.97。

$$\omega = 0.31 \omega_T \tag{5-10}$$

$$\omega_b = 0.69 \omega_T \tag{5-11}$$

式中　ω——自由水含水率,%;

　　　ω_b——结合水含水率,%;

　　　ω_T——总含水率,%。

从图 5-21 及数据拟合结果可以看出,不同种类泥炭土中的自由水与结合水均随总含水率的增大而线性增大,且结合水的增速约为自由水增速的 2 倍,二者保持了相对较为稳定的比例关系。

对比分析图 5-20 和图 5-21 可以看出,高岭土恒定的结合水含水率约为 5%,蒙脱石恒定的结合水含水率约为 25%,而泥炭土的结合水含水率远高于高岭土和蒙脱石,在结合水含水率达到 600% 时仍未出现恒定的结合水含水率。此外,高岭土和蒙脱石在达到恒定的结合水含水率之前,其自由水含水率为零,而泥炭土在未达到恒定的结合水含水率之前,已经出现了自由水。

为了研究泥炭土是否会像高岭土、蒙脱石一样存在恒定的结合水含水率,将含水率为 867.7% 的强泥炭质土和含水率为 429.8% 的中泥炭质土原状样分别加入 0.5 倍、1 倍以及 2 倍质量的水浸泡 24 h 后,进行热重试验,结果如图 5-22 所示。

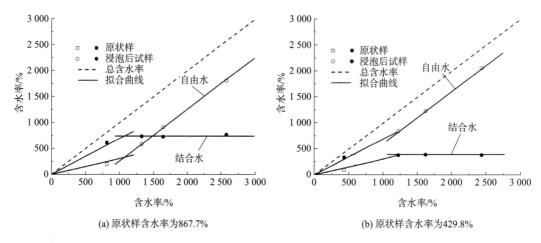

(a) 原状样含水率为867.7%　　　(b) 原状样含水率为429.8%

图 5-22　浸水后泥炭土中自由水与结合水变化

注:实心符号表示结合水,空心符号表示自由水。

从图 5-22 中可以看出,泥炭土原状试样补充水后,总含水率有显著增大,但从自由水和结合水的增长比例来看,补充的水使结合水少量增大约 1.16 倍和 1.11 倍后,几乎全部以自由水形式存在于试样中,当总含水率最高增加至原状样总含水率的 5.7 倍时,结合水也未出现显著增长,其原因主要是原状样取样地位于湖畔或河边,有充足的水源补充,结合水含量已经饱和。综上所述,对于泥炭土,同样存在恒定的结合水含水率,其自由水和结合水的变化规律与 Lu 以及 Zhang 发现的高岭土及蒙脱石的规律一致。

McBrierty 通过单一温度的热重分析方法也得到了泥炭土中结合水含量较高且受总含水率影响的结论。分析其原因,可能是由于泥炭土含有较多的纤维和大分子有机物,而这类物质对水的结合能力较强,导致泥炭土中结合水含量高于自由水,而较高比例的结合水也是泥炭土具有较大蠕变变形的重要原因。

5.3 泥炭土中有机质的变化规律

泥炭土中存在大量植物凋落物,主要包括木质素、纤维素等大分子有机化合物。大分子有机物会在分解酶的作用下形成单糖($C_6H_{12}O_6$),而后随着微生物活动生成 CO_2 逸出,公式(5-12)为通气良好条件下的反应方程,式(5-13)为通气不良条件下的反应方程。CO_2 逸出必然会造成有机质总量的减少,引起烧失量的变化,所以,可以用烧失量从宏观角度表征有机质的分解情况。

$$C_6H_{12}O_6 \xrightarrow{微生物} CO_2\uparrow + H_2O + 能量 \tag{5-12}$$

$$C_6H_{12}O_6 \longrightarrow CH_3CH_2CH_2COOH + CO_2\uparrow + H_2\uparrow \tag{5-13}$$

$$CO_2 + H_2 \longrightarrow CH_4\uparrow + H_2O \tag{5-14}$$

此外,通过化学分析研究发现,在土壤中微生物的作用下,大分子有机物发生矿化,有机物中的氮逐渐以铵根离子(NH_4^+)的形式释放出来。Broadbent 通过同位素标记法,验证了大麦植株死亡后氮元素的"流动"过程。目前,以氮含量表征有机质的分解程度在农学领域已经广泛应用,例如,Avnimelech 通过测量无机氮含量等指标,对湖泊沉积物的分解过程进行了研究。Stephen 通过对无机氮含量的测量,分析了红树林凋落叶片的分解过程。所以,使用总氮含量 TN 可以从微观角度表征有机质的分解程度,即总氮升高,植物分解程度加大。本节使用 JR-600M 型土壤养分速测仪,测量泥炭土试样在固结过程中的总氮含量。

5.3.1 烧失量变化规律分析

使用高温灼烧法,将多组泥炭土平行试样在逐级加载至目标荷载等级加载前、主固结阶段完成时、次固结阶段完成时以及第三固结阶段完成时卸载,测得烧失量,结果见表 5-1。

表 5-1　固结前后烧失量数据　　　　　　　　　　　　　　　　　　　　　　%

类别	压力 p /kPa	目标荷载加载前试验组		目标荷载主固结完成时试验组		目标荷载次固结完成时试验组		目标荷载第三固结完成时试验组	
		天然状态	加载后	天然状态	加载后	天然状态	加载后	天然状态	加载后
泥炭	100	70.49	67.65	82.35	80.00	71.79	68.91	94.17	89.72
	200	75.20	70.88	72.50	68.16	85.55	80.51	77.73	72.36
	400	83.40	77.84	74.29	68.40	73.57	67.73	75.27	68.69
	800	75.27	68.69	72.73	65.95	76.07	68.97	71.10	62.70
强泥炭质土	100	51.28	50.00	53.33	51.61	50.94	48.84	57..37	54.14
	200	46.89	44.10	40.62	37.62	47.46	44.15	47.13	43.35
	400	47.13	43.35	56.25	52.16	43.01	38.78	54.10	49.40
	800	52.02	46.88	55.35	50.17	48.40	43.19	56.84	50.85
中泥炭质土	100	35.62	34.50	28.23	27.18	33.93	32.58	32.43	30.30
	200	32.43	30.30	35.45	33.25	39.77	37.29	37.74	34.62
	400	37.74	34.62	38.50	35.31	37.61	34.15	25.13	21.57
	800	25.13	21.57	38.05	34.58	34.60	31.10	30.83	26.76
弱泥炭质土	100	17.02	16.55	16.17	15.63	14.38	13.86	18.67	17.86
	200	18.67	17.86	15.52	14.71	14.49	13.73	20.51	19.60
	400	20.51	19.88	23.73	23.05	18.48	17.59	20.47	18.43
	800	20.17	18.70	12.08	10.62	19.20	17.62	19.68	17.85

由于泥炭土原状样具有不均匀性，且灼烧法样本量有限，所以平行试样切取同一取样桶内原状样，同时在灼烧取样操作中采用多点取样、充分研磨的方法减少误差。在烧失量变化分析时，将同一取样桶内平行试样的天然烧失量取平均值，计算烧失量下降百分比 W，用来表征烧失量在泥炭土固结过程中的变化，计算方法见公式(5-15)。

$$W = \left| \frac{X_{\text{LOI},i} - \overline{X_{\text{LOI},0}}}{\overline{X_{\text{LOI},0}}} \right| \times 100\% \tag{5-15}$$

式中　W——烧失量下降百分比，%；

$X_{\text{LOI},i}$——固结至任意时刻试样的烧失量，%；

$X_{\text{LOI},0}$——试样的初始烧失量，%，使用切取原状样时贴近试样上下部位的土测得；

$\overline{X_{\text{LOI},0}}$——同组试验试样（四个试样）初始烧失量的平均值，%。

根据公式(5-15)计算得到四种泥炭土烧失量下降百分比数据如图 5-23 所示。

从图 5-23 中可以看出，泥炭土在固结过程中烧失量显著下降。泥炭、强泥炭质土以及中泥炭质土（烧失量大于 25%）的试验组中，烧失量在第三固结阶段下降量较大，其原因主要是第三固结阶段持续时间较长，有机质的分解与持续时间成正相关。

弱泥炭质土的下降变化较其他种类泥炭土规律性弱。针对有机质分解的长期（约 10 年）研究表明，有机质分解速度会随着时间推移逐渐降低，而弱泥炭质土中存在的有机质大多为不易分解的残余植物纤维,在固结过程中分解量较其他种类泥炭土更低,导致其有机质分解较缓慢。其次,因为弱泥炭质土中有机质含量低,导致其在试样中分布不均匀,虽采用了多点取样等方式尽量减少误差,但由于分母基数小,仍会导致数据波动。

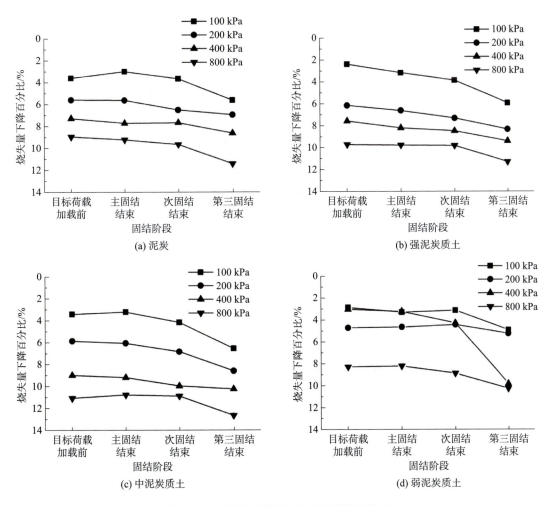

图 5-23 四种典型泥炭土烧失量下降百分比

5.3.2 总氮含量变化规律分析

采用土壤快速分析仪,可以通过浸泡试样、过滤溶液、滴定变色以及使用仪器读取的过程(图 5-24)获得泥炭土试样中的氮元素含量,通过此方法测量天然状态下和加载完成时泥炭土试样的总氮含量 TN,从微观角度分析有机质的分解情况。

为清晰对比 TN 变化过程,根据公式(5-16)计算总氮 TN 上升百分比 W_{TN}。

$$W_{TN} = \frac{\omega_{TN} - \omega_{TN0}}{\omega_{TN0}} \times 100\% \tag{5-16}$$

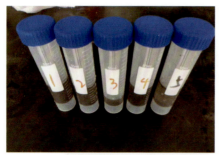

(a) 浸泡研磨后的土样　　　　　　　　(b) 过滤后溶液

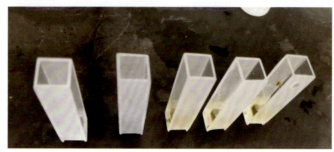

(c) 标准溶液与滴定后溶液

图 5-24　TN 含量测定试验

式中　W_{TN}——总氮含量上升百分比，%；

　　　ω_{TN}——固结至任意时刻试样的总氮含量；mg/kg；

　　　ω_{TN0}——试样的初始总氮含量，mg/kg，使用切去原状样时贴近试样上下部位土测得。

根据公式(5-16)计算得到四种典型泥炭土总氮含量上升百分比 W_{TN}，如图 5-25 所示。

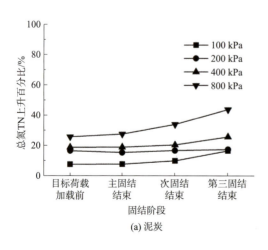
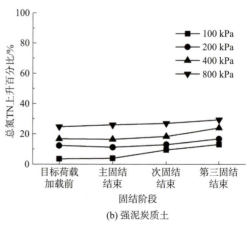

(a) 泥炭　　　　　　　　　　　　　(b) 强泥炭质土

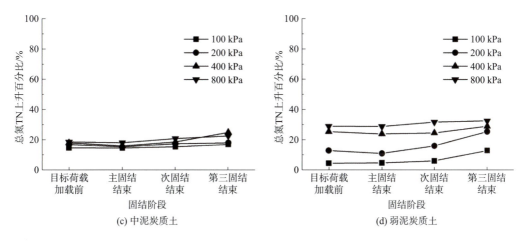

图 5-25 四种典型泥炭土总氮 TN 含量上升百分比

从图 5-25 中可以看出,总氮含量在整个固结过程中有着较为显著的升高,由此说明泥炭土中的有机质在固结过程中产生了分解。因为总氮含量上升百分比 W_{TN} 是以初始总氮含量为分母进行计算,所以,虽然不同种类泥炭土的初始含量不同,但变化数据具有可比性。根据图 5-25 中数据,以单级荷载下的变化量为 100%,求各个阶段 TN 变化的比例,则可以发现,泥炭土固结过程中总氮含量的升高主要集中在第三固结阶段,占总增大量的约 70%,表明有机质的分解过程集中在第三固结阶段,与烧失量分析结果相一致。泥炭土中有机质的分解主要产生于第三固结阶段,而分解速率随有机质含量减小而减慢,即有机质含量越低(分解程度越高),分解速率越慢。此外,随着荷载的增大,有机质分解速率减慢,其原因是荷载增大后,试样中的孔隙减小,有机质分解所需的氧气也有所减少,一定程度上减缓了有机质的分解。

5.4 泥炭土排水引起的变形比例

由前述分析可知,泥炭土在固结过程中,产生变形的主要原因包括水的排出,孔隙的压缩以及有机质的分解。

对于含水率较高的泥炭土,其饱和度远高于一般软土。本节试验用泥炭土饱和度计算结果见表 5-2。

根据 JTG 3430—2020《公路土工试验规程》规定,当饱和度大于 95% 时,可以将该种土视为饱和土,四种典型泥炭土饱和度均达到了饱和土的标准。根据饱和度可知泥炭土变形中骨架孔隙的压缩势必伴随着水的排出,所以将泥炭土的变形分为排水变形与其他变形(包括少量气体的排出与有机质的分解)。

表 5-2 泥炭土试样饱和度

土样	相对密度	初始含水率/%	试样密度/(g·cm^{-3})	e_0	饱和度/%	饱和度平均值/%
泥炭	1.72	548.2	1.04	9.72	97.02	95.0
	1.72	502	0.99	9.46	91.28	
	1.72	636.15	1.02	11.41	95.90	
	1.72	640	0.98	11.99	91.83	
	1.72	661.2	1.03	11.71	97.11	
强泥炭质土	1.81	357.87	1.09	6.59	98.36	97.1
	1.81	314.15	1.08	5.92	96.01	
	1.81	332.06	1.06	6.41	93.81	
	1.81	602	1.05	11.10	98.15	
	1.81	596.25	1.06	10.89	99.11	
中泥炭质土	1.69	822.3	1.00	14.66	94.82	95.0
	1.69	750	0.98	13.63	93.03	
	1.69	708.4	0.98	12.94	92.51	
	1.69	766.7	1.02	13.36	96.99	
	1.69	985.7	0.97	17.92	92.98	
	1.69	1100	1.02	18.88	98.45	
弱泥炭质土	2	251.2	1.12	5.27	95.31	95.1
	2	234.7	1.09	5.14	91.30	
	2	277.81	1.1	5.87	94.67	
	2	79.24	1.38	1.60	99.19	

首先,测量各级荷载加载结束后的含水率,根据公式(5-17)计算不同种类泥炭土含水率随荷载变化情况,计算结果如图 5-26 所示,因为 100 kPa 加载前数据即为 50 kPa 加载完成的数据,所以图 5-26 中各试验组有 5 个数据点。

$$R_\omega = \frac{\omega_i}{\omega} \times 100\% \tag{5-17}$$

式中 R_ω——含水率剩余百分比,%;

ω_i——第 i 级荷载变形稳定后的含水率,%;

ω——初始含水率,%。

从图 5-26 中可以看出,R_ω 与 $\lg p$ 呈负相关,其相关系数均大于 0.97。这表明在泥炭土的压缩过程中,含水率随荷载对数增大而线性下降。

根据第三章提出的泥炭土固结三阶段的划分方法,确定四种典型泥炭土在荷载为 100 kPa、200 kPa、400 kPa 和 800 kPa 四个荷载等级下主固结和次固结阶段的结束时间,见表 5-3,每级荷载的变形稳定标准(即第三固结阶段结束)为小于 0.01 mm/d。因为本节针

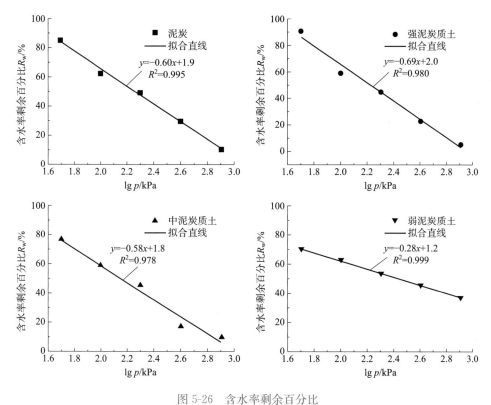

图 5-26 含水率剩余百分比

对荷载大于 100 kPa，根据图 3-6 中的分析，弱泥炭质土也采用固结三阶段理论进行分析。

表 5-3 不同荷载时主、次固结完成时间

荷载等级/kPa	固结阶段	固结完成时间/min			
		泥炭	强泥炭质土	中泥炭质土	弱泥炭质土
100	主固结	49	52	72	95
	次固结	1 500	1 850	1 769	1 800
200	主固结	54	49	78	70
	次固结	1 330	1 460	1 519	1 350
400	主固结	48	74	87	90
	次固结	1 100	1 311	1 861	1 325
800	主固结	40	92	149	127
	次固结	1 150	1 377	1 681	1 215

根据表 5-3 中的固结阶段完成时间数据，在不同固结阶段完成时卸载，测得泥炭土固结三个阶段结束时的含水率变化曲线，如图 5-27 所示。根据图 5-27 计算得到各固结阶段的含水率下降量如图 5-28 所示。从图 5-28 可以看出，四种典型泥炭土在固结三个阶段完成时含水率并非线性下降。无论有机质含量的高低，其含水率下降量在主固结阶段和次固结

阶段较大，在持续时间最长的第三固结阶段下降量较低。

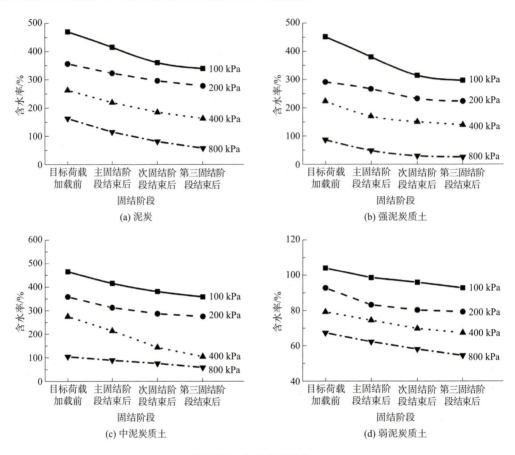

图 5-27 含水率变化曲线

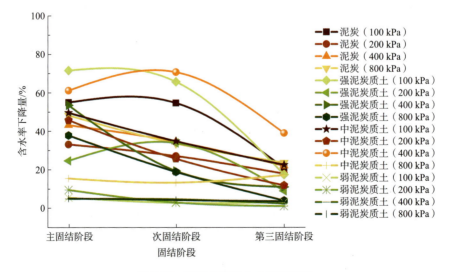

图 5-28 固结各阶段含水率下降量

为分析泥炭土固结过程中各阶段排水引起的变形比例,可根据公式(5-18)和公式(5-19)进行计算。

$$K = \frac{H_1}{H_T} \times 100\% \tag{5-18}$$

式中　K——不同固结阶段排水引起的变形比例,%;

　　　H_1——不同固结阶段排水引起的变形量,mm,根据式(5-19)计算;

　　　H_T——各固结阶段的总变形量,mm。

$$H_1 = \frac{\Delta V_w}{V} = \frac{\frac{\Delta \omega \rho_0 V_0}{100 \rho_w (1 + \omega_0/100)}}{\pi h r^2} = \frac{3 \Delta \omega \rho_0 V_0}{100(1 + \omega_0/100)} \tag{5-19}$$

式中　ΔV_w——单位高度试样中水的体积变化,cm³;

　　　V——单位高度环刀的体积,cm³/mm;

　　　V_0——试样的初始体积,cm³,本文使用 3 cm 高度试样取 90 cm³;

　　　$\Delta \omega$——含水率变化量,%;

　　　ω_0——试样初始含水率,%;

　　　ρ_0——试样初始密度,g/cm³;

　　　ρ_ω——水的密度,g/cm³,本文取 1 g/cm³;

　　　h——环刀单位高度,cm,本文取 1 cm;

　　　r——环刀半径,cm,本文取 3.09 cm。

根据公式(5-18)和公式(5-19)计算泥炭土固结过程中由于排水所引起的变形比例 K,计算结果如图 5-29 所示。

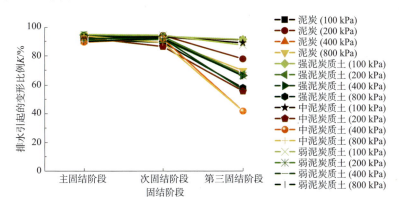

图 5-29　排水引起的变形比例

从图 5-29 可以看出,无论有机质含量高低及荷载水平高低,泥炭土在主、次固结阶段的变形量超过 95% 由排水引起,部分试样接近 100%。在第三固结阶段,不同有机质含量、不同荷载条件下试样差异较大,当荷载为 100 kPa 时,不同种类泥炭土的变形仍可保持约 95% 由排水引起。而当荷载增大后,该比例逐渐降低,当荷载为 800 kPa 时,平均值降低为约 63%。

泥炭土由于具有较高的含水率,以及较低比例的气体,在施加荷载后,其早期变形几乎全部由排水引起,随着时间的推移,排水难度逐渐加大,并且有机质分解引起的变形逐渐明显,所以在第三固结阶段由于排水引起的变形比例逐渐降低。同时,第三固结阶段的排水变形占比随着有机质含量的降低而降低,其主要原因是有机质含量的降低导致试样含水率降低,排水难度增大,所以非排水产生的变形占比增大,如有机质分解引起的变形等。

为了对比分析不同泥炭土在不同荷载下排水引起的变形占比情况,将图 5-29 中不同泥炭土分别作图,如图 5-30 所示。从图 5-30 可以看出,无论有机质含量高低,第三固结阶段排水引起变形的比例随着荷载的增大逐渐降低,其原因主要是随着荷载的增大,排水难度逐渐增大,加载时间的增长使有机质分解量的增大,导致排水引起变形的比例逐渐降低。

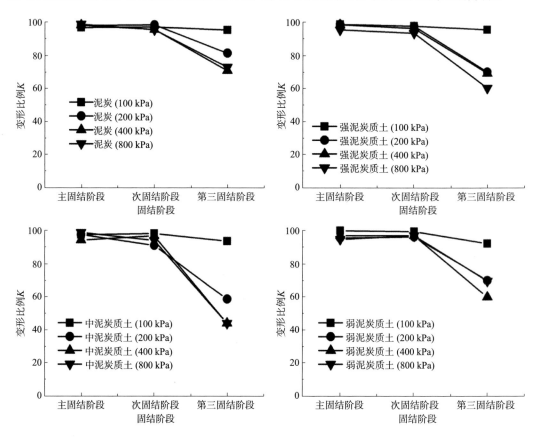

图 5-30 不同有机质含量泥炭土排水引起的变形比例

泥炭土固结过程中除排水引起的变形外,仍存在少量气体的排出以及有机质分解引起的变形。为分析其他因素对泥炭土固结变形的影响规律,计算非排水引起的变形比例,即 $(100-K)$。从图 5-30 中可以看出,不同种类泥炭土排水引起的变形量在相同荷载条件下具有较高的一致性,所以计算非排水引起的变形时,对不同种类泥炭土在同一荷载、同一固结阶段的结果求平均值并做误差棒,计算结果如图 5-31(a)所示。从图 5-31(a)中可以看出,在泥炭土的主固结和次固结阶段,非排水变形均小于5%,并且有机质含量的高低未对非排水变形比例产生显著影响。在第三固结阶段,当荷载小于100 kPa时,规律与主、次固结阶段一致;当荷载大于100 kPa时,泥炭土非排水引起的变形比例升高至约30%,同时有机质含量的影响也有所增长,误差仍维持在均值的约20%。

从图5-31(a)中可以看出,主、次固结阶段非排水引起的变形比例较低,所以只单独对第三固结阶段的非排水变形进行分析。不同种类泥炭土第三固结阶段非排水引起的变形百分比随压力 p 的变化曲线如图5-31(b)所示(误差棒根据不同种类泥炭土的数据计算)。从图5-31(b)中可以看出,对于泥炭土,第三固结阶段非排水引起的变形比例随荷载的增大而指数增大。当荷载大于200 kPa后,平均值稳定在变形总量的37%。根据第三章数据,泥炭、强泥炭质土和中泥炭质土第三固结阶段的变形占比约为10%,所以非排水变形在荷载大于200 kPa后约占总变形的4%左右。

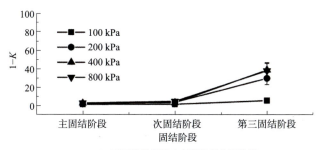

(a) 不同种类泥炭土变形比例的平均值

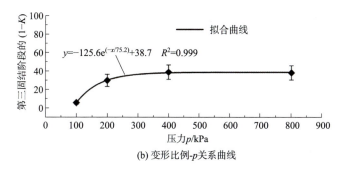

(b) 变形比例-p关系曲线

图 5-31 非排水原因引起的变形比例

本章小结

本章通过电镜扫描、热重分析、烧失量及总氮含量测试等方法,对不同种类泥炭土固结过程中的孔隙结构、不同种类的水及有机质含量、总氮含量等的变化规律进行了分析,计算了不同固结阶段的排水和非排水引起的变形比例,揭示了泥炭土的固结机理,得到以下主要结论:

(1)泥炭土中主要有植物残体间的架空孔隙、植物残体的内部孔隙和腐殖酸等高分子有机质包裹的矿物颗粒间的孔隙三种典型的孔隙结构。泥炭、强泥炭质土、中泥炭质土在固结过程中被压缩的主要孔隙结构均为植物残体内部孔隙及植物残体间架空孔隙。在不同荷载下,主固结阶段的压缩变形主要由植物残体间架空孔隙的压缩引起,次固结阶段的压缩变形主要由植物残体内部孔隙的压缩引起。

(2)植物残体间架空孔隙的下降幅度随着荷载的增大先增大后减小,在 100～200 kPa 之间产生峰值,而植物残体内部孔隙的下降幅度随荷载增加而增大。当荷载小于 200 kPa 时,西湖泥炭试样的压缩变形主要由植物残体间架空孔隙压缩、架空孔隙中水分的排出引起;当荷载大于 200 kPa 时,植物残体内部孔隙的压缩及其中水分的排出是西湖泥炭试样压缩变形的主要来源。

(3)泥炭土在完整的加载过程中,自由水比例有少量下降,弱结合水比例则有少量升高,强结合水比例在波动中有少量升高。在主固结阶段自由水快速排出,弱结合水排出量低于自由水或未排出(受到泥炭土种类的影响);当加载至次固结阶段时,自由水与弱结合水几乎以 1∶1 的比例同时排出;当加载至第三固结阶段时,主要为弱结合水的排出。弱结合水的缓慢排出是泥炭土蠕变量大、蠕变时间长的根本原因。

(4)泥炭土与高岭土、蒙脱石类似,同样存在恒定的结合水含水率,但泥炭土的恒定的结合水含水率是高岭土、蒙脱石的 40～250 倍。此外,高岭土和蒙脱石在达到恒定的结合水含水率之前,其自由水含水率为零,而泥炭土在达到恒定的结合水含水率之前,已经出现了自由水,且自由水、结合水均随总含水率的增大而线性增大,结合水含水率的增速约为自由水含水率增速的 2 倍。

(5)泥炭土主、次固结阶段的变形量超过 95% 由排水引起,第三固结阶段变形量在小于等于 100 kPa(约为先期固结压力)时也主要由排水引起,而当荷载逐渐增大后,排水引起的变形比例逐渐降低至约 63%。在主、次固结阶段非排水引起的变形均小于 5%,并且有机质含量的高低未对其产生显著影响。

(6)在第三固结阶段,非排水(以有机质分解为主)引起的变形比例随荷载的增大而指数增大,当荷载大于 200 kPa 后,非排水引起的变形约占第三固结阶段变形量的 37%,约占总变形量的 4%,此时的有机质含量显著降低,总氮含量 TN 的增长量约占总增长量的 70%。

第6章 泥炭土一维蠕变固结理论

早期土力学认为,土的固结变形过程中产生的时间效应与孔隙水压力的消散有关,所以 Terzaghi 和 Biot 提出的固结理论均为与时间无关的本构关系,但此类本构关系只可以描述孔隙水压力消散时的时间效应,当孔隙水压力消散为零,进入次固结阶段后变形的时间效应无法解释。所以,Taylor 在 1942 年通过总结试验数据,提出了软土的应变随时间和应力变化曲线,如图 6-1 所示。在 ε-$\lg t$ 曲线中,次固结阶段的 A、B、C 点在 ε-$\lg \sigma'$ 曲线中为一组平行线上的三个点。1967 年,Bjerrum 根据 Taylor 提出的理论,提出 Bjermm 模型。在 Bjermm 模型中,应变被分为瞬时应变和延时应变,在加载之初,部分软土由于较低的渗透性,需考虑由于黏滞性引起的蠕变变形。同时,使用一系列的"时间线"描述荷载不同但加载持续时间相同的土样状态。

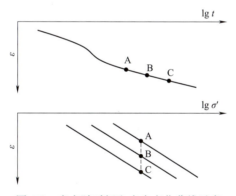

图 6-1　应变随时间和应力变化曲线示意

Bjerrum 模型中未考虑先期固结应力概念,即无法讨论加载时间起点,也无法讨论逐级加载的现实情况。所以,Yin & Graham 提出的"时间线"模型,通过加入"等效时间"概念,可以描述荷载在随时间变化的条件下的固结过程。

对于泥炭土,其蠕变变形占比远高于一般软土,若采用一般弹塑性模型,无法考虑当荷载恒定时,应变不断随时间增长的蠕变过程,所以"时间线"模型提供了较好的理论基础。但是,泥炭土的变形量远大于一般软土,且不适用固结二阶段的划分方法,其应变过程的特殊性需进行单独分析。本章首先分析了泥炭土固结三个阶段的应变性质,讨论了不同种类应变随荷载变化的规律,在此基础上建立了泥炭土的一维蠕变固结理论,并以半解析解和简化解两种方法验证了模型的准确性。

6.1 泥炭土固结三阶段变形的性质

根据第 3 章分析得出的结论,泥炭土在固结三个阶段的变形特征具有显著的差异,为了分析泥炭土固结过程中的变形性质,测量不同荷载加载至三个固结阶段结束时完全卸载后 7 d 的回弹变形,并将分阶段变形量与回弹变形量进行对比分析。以 100 kPa 荷载时的变化曲线进行分析,如图 6-2 所示。

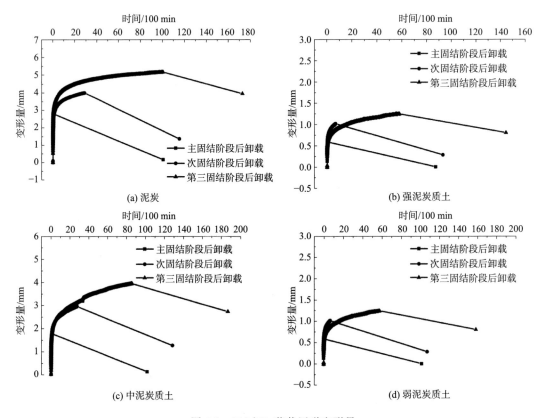

图 6-2　100 kPa 荷载回弹变形量

从图 6-2 中可以看出,无论有机质含量的高低,主、次固结阶段结束时试样的回弹变形量明显大于第三固结阶段结束时试样的回弹变形量,且主固结阶段结束后卸载的试样回弹量几乎等于主固结阶段的变形量。此外,主、次固结阶段的变形回弹段具有相似的斜率,且大于第三固结阶段回弹段的斜率,当回弹时间相同时(均为 7 d),斜率相同表明具有相同的回弹量,而较低的斜率表明回弹量小。为分析回弹变形量与固结过程的关系,计算四种典型泥炭土不同加载条件下回弹变形量与主固结阶段压缩变形量的比值,见公式(6-1)。

$$R_{b,i}=\frac{d_{re,i}}{d_{p,i}-d_{0,i}}\tag{6-1}$$

式中 $R_{b,i}$——第 i 级荷载卸载后回弹变形与该级荷载主固结阶段压缩变形比值；

$d_{re,i}$——第 i 级荷载各阶段卸载 7 d 后的回弹变形量，mm；

$d_{0,i}$——第 i 级荷载施加前的变形量，mm；

$d_{p,i}$——第 i 级荷载主固结阶段结束时的变形量，mm。

不同泥炭土在各级荷载下的计算结果如图 6-3 所示。

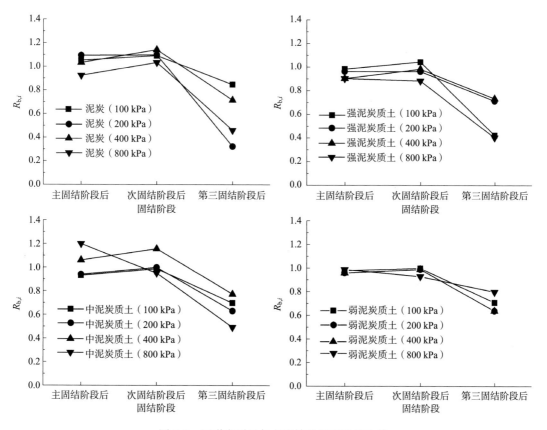

图 6-3 回弹变形量与主固结阶段变形量比值

从图 6-3 可以看出，主固结阶段和次固结阶段的 $R_{b,i}$ 值接近于 1，平均值为 1.003，表明该两个阶段卸载后的回弹变形量约等于主固结阶段的压缩变形量，而在第三固结阶段结束时 $R_{b,i}$ 值范围在 0.32~0.85，说明第三固结阶段试样的回弹变形量小于主固结阶段的压缩变形量，且随着荷载的增大逐渐降低。

从图 6-3 回弹变形量与主固结阶段压缩变形量的关系可知，泥炭土在主固结阶段产生了弹性变形，在次固结阶段产生了塑性变形，而在持续时间较长的第三固结阶段，在产生了塑性变形的同时，由于压缩和有机质分解，土样骨架结构产生破坏，使原本可恢复的弹性变形转化为不可恢复的塑性变形。结合第 3、5 章泥炭土固结持续时间及变形机理，可以推断在泥炭土的固结三阶段中,在持续时间较短的主固结阶段产生了可以恢复的弹性变形,此阶段主要为自由水排出。在持续时间较长的次固结阶段和第三固结阶段,主要产生了不可恢复的塑性变形,即为黏塑性变形,其中与时间无关的塑性变形主要产生于次固结阶段,与时间相关的塑性应变(黏性变形)产生于次固结阶段和第三固结阶段。在次固结阶段,泥炭土中的自由水与弱结合水同时排出。在持续时间较长的第三固结阶段,由于有机质的分解以及荷载的长期作用,土颗粒和有机质形成的骨架产生破坏,原有弹性变形转化为塑性变形,失去了可恢复性。

6.2 泥炭土的黏弹塑性本构关系

根据前文研究结论,在泥炭土的固结过程中,主固结阶段产生了以自由水排出为主的弹性变形,且泥炭土的渗透系数远大于一般软土,所以主固结阶段的变形与黏滞性无关;主固结结束后,固体颗粒间的结合水膜逐渐接触(结合水膜厚度与荷载应力有关),次固结阶段产生了自由水与弱结合水同时减少引起的塑性变形,变形的时间效应与超静孔隙水压力消散有关;在第三固结阶段,结合水膜厚度逐渐减小,结合水膜的黏滞性使泥炭土固结速率降低,此时的变形主要源于弱结合水的减少,有机质的分解也产生了一定影响。此时,渗透系数已在较低水平趋于稳定,所以第三固结阶段具有较为稳定的变形速率。当试样变形至某一状态时,水无法再排出,有机质分解的影响也无法产生显著的变形,固结过程结束,此时自由水与结合水比例约为1∶2。

6.2.1 Yin&Graham 时间线模型

根据 Yin & Graham 的时间线模型,假设竖向应变由三部分组成:

$$\varepsilon_z = \varepsilon_z^e + \varepsilon_z^{sp} + \varepsilon_z^{tp} \tag{6-2}$$

$$\varepsilon_z^{vp} = \varepsilon_z^{sp} + \varepsilon_z^{tp} \tag{6-3}$$

$$\varepsilon_z^{ep} = \varepsilon_z^e + \varepsilon_z^{sp} \tag{6-4}$$

式中 ε_z^e ——弹性应变;

ε_z^{sp} ——与时间无关的塑性应变,只与有效应力大小有关;

ε_z^{tp} ——黏性应变,即与时间相关的塑性应变;

ε_z^{vp} ——不可恢复的黏性和塑性应变,即黏塑性应变。

ε_z^{ep} 为与时间无关的弹塑性应变。

当施加荷载的"瞬间",产生与时间无关的弹性变形与塑性变形,如图 6-4 所示。根据图中关系,试样的弹性应变可表示为

$$\varepsilon_z^e = \varepsilon_{z0}^e + \frac{\kappa}{V}\ln\left(\frac{\sigma_z'}{\sigma_{zref}'}\right) \tag{6-5}$$

式中　σ_{zref}'——参考有效应力,取为初始有效应力 σ_{z0}';

　　　ε_{z0}^e——$\sigma_z' = \sigma_{zref}'$ 时的应变值;

　　　V——$1+e_0$,e_0 为初始孔隙比;

　　　κ/V——弹性曲线 $\varepsilon_z^e \sim \ln\sigma_z'$ 的斜率,κ 与回弹指数 C_s 的关系为 $\kappa = C_s/\ln 10$。

与加载时间无关的弹塑性应变可表示为

$$\varepsilon_z^{ep} = \varepsilon_{z0}^{ep} + \frac{\lambda}{V}\ln\left(\frac{\sigma_z'}{\sigma_{zref}'}\right) \tag{6-6}$$

则与时间无关的塑性变形可表示为

$$\varepsilon_z^{sp} = \varepsilon_z^{ep} - \varepsilon_z^e = \varepsilon_{z0}^{sp} + \frac{\lambda-\kappa}{V}\ln\left(\frac{\sigma_z'}{\sigma_{zref}'}\right) \tag{6-7}$$

式中　ε_{z0}^{sp}——$\sigma_z' = \sigma_{zref}'$ 时的应变值,λ 与压缩指数 C_C 的关系为 $\lambda = C_c/\ln 10$。

将有效应力 σ_{zi}' 不变时,随时间产生的变形,即任意 t 时刻的黏性应变表示为

$$\varepsilon_{zi}^{tp} = \varepsilon_{z0i}^{tp} + \frac{\Psi}{V}\ln\left(\frac{t}{t_{refi}}\right) \tag{6-8}$$

式中　Ψ/V——流变曲线 $\varepsilon_z\text{-}\ln(t)$ 曲线蠕变段的斜率,如图 6-5 所示;

　　　Ψ——与次固结系数的关系为 $\Psi = C_\alpha/\ln 10$;

　　　t_{refi}——第 i 级荷载开始计算黏性应变的参考时间;

　　　ε_{z0i}^{tp}——$t = t_{refi}$ 时的黏性应变,参考时间线上的黏性应变 ε_{z0i}^{tp} 为 0。

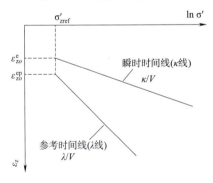

图 6-4　瞬时时间线和参考时间线(正常固结线)

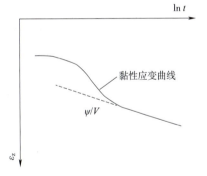

图 6-5　黏性应变曲线示意

在计算中,黏性应变的持续时间,即公式(6-8)中的 t 无法确定,所以导致使用中存在困难。所以 Yin&Graham 提出了通过时间线(也是蠕变速率线)的方法确定黏性应变时间,如图 6-6 所示。由时间线理论可知线上任意点的 $\varepsilon_z - \sigma_z'$ 与等效时间(即从参考时间线加载至当前应力状态所需时间 t_e)的关系唯一确定,即黏性应变可写表示为

$$\varepsilon_{zi}^{tp} = \frac{\Psi}{V}\ln\left(\frac{t_{refi}+t_e}{t_{refi}}\right) \tag{6-9}$$

$$t = t_{refi} + t_e \tag{6-10}$$

在图 6-6 中，弹性线使用公式(6-5)表示。等效时间，即 t_e 表示从变形参考时间线状态至当前应力状态的持续时间，即黏性变形持续时间。需要明确的是，等效时间(蠕变速率)与加载路径无关，无论是从 $(n-1)'$ 点蠕变至 n 点，还是从 $(n+1)'$ 点卸载回弹至 n 点，其蠕变速率相同。所以，根据公式(6-2)至公式(6-10)，可以得到非线性流变时间线模型的基本方程：

$$\varepsilon_z = \varepsilon_z^e + \varepsilon_z^{sp} + \varepsilon_z^{tp} = \varepsilon_z^{ep} + \varepsilon_z^{tp} = \varepsilon_{z0}^{ep} + \frac{\lambda}{V}\ln\left(\frac{\sigma_z'}{\sigma_{zref}'}\right) + \frac{\Psi}{V}\ln\left(\frac{t_{refi} + t_e}{t_{refi}}\right) \tag{6-11}$$

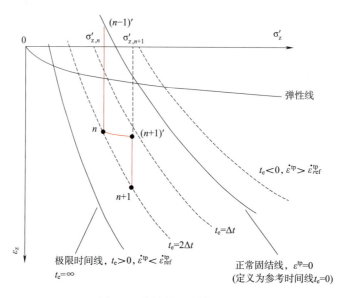

图 6-6　非线性流变模型示意

在图 6-6 中，等效时间线可以表示不同的蠕变速率($\dot{\varepsilon}_z^{tp}$)，即正常固结线上侧和下侧的蠕变速率($\dot{\varepsilon}_z^{tp}$)分别大于或小于正常固结线的黏性应变速率($\dot{\varepsilon}_{zref}^{tp}$)，上侧$\dot{\varepsilon}^{tp} > \dot{\varepsilon}_{ref}^{tp}$，下侧$\dot{\varepsilon}^{tp} < \dot{\varepsilon}_{ref}^{tp}$。而使用等效时间理论需定义参考时间线，所以，以正常固结线定义参考时间线，也是弹塑性应变曲线，线上各点的等效时间 $t_e=0$。定义 $t_e=\infty$ 时的极限时间线表示黏性应变边界。

6.2.2　基于时间线模型泥炭土的黏弹塑性本构关系

1. 应力应变关系

根据 6.1 节分析结论，泥炭土的固结过程可以划分为产生弹性变形的主固结阶段、产生塑性变形(包括与时间无关和与时间有关部分)的次固结阶段，以及产生与时间有关的塑性变形(黏性变形)的第三固结阶段。公式(6-2)～公式(6-4)对泥炭土同样适用。

根据泥炭土的变形特性，讨论不同固结阶段的应变与荷载的关系。泥炭土的弹性应变主要产生在主固结阶段，而因为第三固结阶段中土骨架的破坏，弹性应变无法通过回弹准确计算，所以通过累加泥炭土的主固结阶段应变计算弹性应变，即公式(6-12)，计算示意如图 6-7 所示。

$$\varepsilon_z^e = \sum_{i=1}^{n} \varepsilon_{zi}^e \tag{6-12}$$

式中 ε_z^e——总弹性应变；

ε_{zi}^e——第 i 级荷载下的弹性应变。

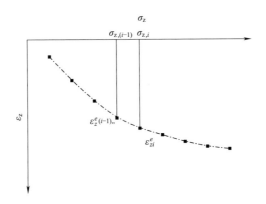

图 6-7 主固结阶段应变累积曲线(弹性应变曲线)

泥炭土次固结阶段主要产生塑性应变，其中包括与时间无关的塑性应变和与时间有关的塑性应变，即黏性应变。同样以应变累加的方法计算次固结阶段的应变。通过分析第三固结阶段的斜率可知，黏性应变的速率(R_{ter})是第三固结阶段应力应变曲线的斜率，在加载过程中几乎不随时间变化，则与时间无关的塑性应变可以根据次固结阶段的应变减去黏性应变计算，即：

$$\varepsilon_{zi}^{sp} = \varepsilon_{szi} - R_{ter,i}(T_{sec,i} - T_{pri,i}) \tag{6-13}$$

式中 ε_{zi}^{sp}——第 i 级荷载下与时间无关的塑性应变；

ε_{szi}——第 i 级荷载下次固结阶段的总应变；

$R_{ter,i}$——第 i 级荷载下黏性应变速率，$\min^{-1}$，数值上等于第三固结阶段应变速率；

$T_{sec,i}, T_{pri,i}$——第 i 级荷载下主、次固结完成时间，$\min$。

以第 3 章(图 3-3)四组典型泥炭土数据为例，计算泥炭、强泥炭质土和中泥炭质土不同性质的应变累加曲线，并对其进行分析，如图 6-8(a)～图 6-8(c)所示。对于弱泥炭质土，由前文可知，当荷载小于先期固结压力时，其固结应按两阶段进行划分，此时应变以主固结阶段和次固结阶段进行划分，当荷载大于先期固结压力时，固结过程使用三阶段划分，所以弱泥炭质土应变曲线按荷载大于和小于先期固结压力分别讨论。

从图 6-8 中可以看出，四种典型泥炭土弹性应变、与时间无关的塑性应变与 $\ln \sigma_z'$ 呈现出两阶段的线性关系。当荷载小于先期固结压力时，弹性应变以及与时间无关的塑性应变随 $\ln \sigma_z'$ 以较低速率(κ、ζ)增大，此时弱泥炭质土主固结阶段和次固结阶段的应变同样与 $\ln \sigma_z'$ 呈线性关系。在荷载大于先期固结压力后，泥炭土的弹性、塑性应变模量有明显增大，其斜率以 κ'、ζ' 表示，数值如图中所示。对于弱泥炭质土，其荷载大于先期固结压力后，使用固结三

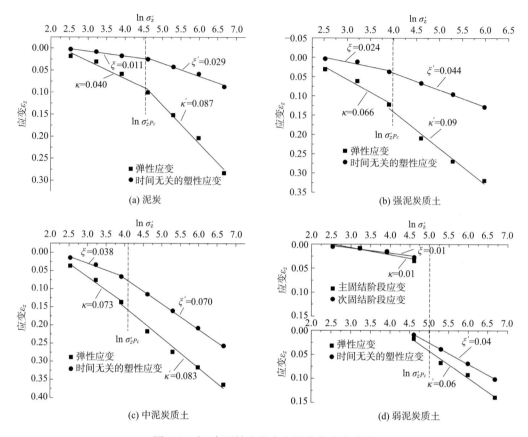

图 6-8 主、次固结阶段应变随荷载变化曲线

阶段进行划分，$\varepsilon_z \sim \ln \sigma_z'$ 关系与其他种类泥炭土一致。

根据图 6-8 中的数据可知，泥炭土主固结阶段的弹性变形可表示为

$$\varepsilon_z^e = \varepsilon_{z0}^e + \kappa \ln \left(\frac{\sigma_z'}{\sigma_{zref}'}\right) \tag{6-14}$$

式中 σ_{zref}'——参考有效应力，当荷载小于先期固结压力时，取为初始有效应力 σ_{z0}'，当荷载大于先期固结压力时，取为先期固结应力 σ_{zP_c}'；

ε_{z0}^e——$\sigma_z' = \sigma_{zref}'$ 时的应变值；

κ——弹性应变曲线 $\varepsilon_{pz}^e \sim \ln \sigma_z'$ 的斜率，当荷载大于先期固结压力后，κ 取为 κ'。

与时间无关的塑性应变可表示为

$$\varepsilon_z^{sp} = \varepsilon_{z0}^{sp} + \zeta \ln \left(\frac{\sigma_z'}{\sigma_{zref}'}\right) \tag{6-15}$$

式中 ε_{z0}^{sp}——$\sigma_z' = \sigma_{zref}'$ 时的应变值，当荷载小于先期固结压力时，取为初始有效应力 σ_{z0}'，当荷载大于先期固结压力时，取为先期固结压力 σ_{zP_c}'；

ζ——与时间无关的塑性应变线的斜率，当荷载大于先期固结压力后，ζ 取为 ζ'。

由公式（6-14）和公式（6-15）可知，与时间无关的弹塑性应变可表示为

$$\varepsilon_z^{ep} = \varepsilon_{z0}^{ep} + (\kappa + \zeta)\ln\left(\frac{\sigma_z'}{\sigma_{zref}'}\right) = \varepsilon_{z0}^{ep} + \lambda\ln\left(\frac{\sigma_z'}{\sigma_{zref}'}\right) \tag{6-16a}$$

$$\lambda = \kappa + \zeta \tag{6-16b}$$

一般软土黏性应变公式(6-9)是根据 $d\text{-}\lg t$ 曲线中的次固结系数而来。对于泥炭土，黏性应变速率为第三固结阶段应变速率，所以其黏性应变可表示为

$$\varepsilon_{zi}^{tp} = \eta(t - t_{refi}) = \eta t_e \tag{6-17}$$

式中　ε_{zi}^{tp}——黏性应变(蠕变)；

　　　η——应变曲线 $\varepsilon_z\text{-}t$ 曲线第三固结阶段(黏性应变阶段)的斜率(图 6-9)；

　　　t_{refi}——第 i 级荷载开始计算黏性应变的参考时间；

　　　t_e——蠕变持续时间，即等效时间。

根据图 6-4 中变形累计曲线与荷载的关系示意，将弹性应变视为瞬时应变，即为瞬时应变线，可以得到泥炭土的 $\varepsilon_{pz}^e\text{-}\ln\sigma_z'$ 曲线示意，如图 6-10 所示。

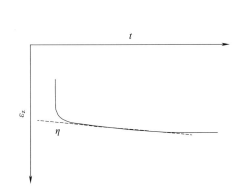

图 6-9　黏性应变示意

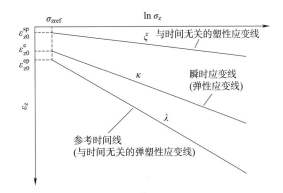

图 6-10　弹塑性应变曲线示意

根据图 6-6，修正后的泥炭土的非线性流变模型如图 6-11 所示。

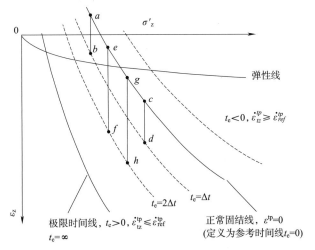

图 6-11　泥炭土非线性流变模型示意

根据第3章泥炭土的固结过程分析结论,由于泥炭土的特殊性以及三阶段的固结划分方法,其黏性变形过程与一般软土(图6-6)并不完全相同。首先,由于泥炭土的蠕变并非主要来自土骨架的错动,而是由弱结合水的缓慢排出引起,所以其黏性应变以稳定的低速持续了较长时间,其应变速率在一定的时间内不变化(图6-9)。其次,根据图3-15可知,泥炭土的黏性(第三固结阶段)应变速率随荷载的变化较小,但随着有机质含量的降低,其变化逐渐明显。

综上所述,泥炭土的非线性流变模型(图6-11)与一般软土的时间线模型(图6-6)的差异主要有两点。首先,在蠕变开始的较长时间内,泥炭土的黏性应变速率($\dot{\varepsilon}_{tz}^{tp}$)与正常固结线的黏性应变速率($\dot{\varepsilon}_{tzref}^{tp}$)相等,即在正常固结线上侧有$\dot{\varepsilon}^{tp} \geqslant \dot{\varepsilon}_{ref}^{tp}$,在下侧有$\dot{\varepsilon}^{tp} \leqslant \dot{\varepsilon}_{ref}^{tp}$;其次,明确了在靠近正常固结线(参考时间线)的等效时间线间垂向等距,即在不同荷载条件下,相同的等效时间内具有相同的蠕变量,从图6-10中可以举例表示为$ab=cd, ef=gh$。

2. 本构方程及参数计算方法

根据公式(6-2)～公式(6-4)及公式(6-12)～公式(6-17)得到泥炭土的黏弹塑性本构方程:

$$\varepsilon_z = \varepsilon_z^e + \varepsilon_z^{sp} + \varepsilon_z^{tp} = \varepsilon_z^{ep} + \varepsilon_z^{tp} = \varepsilon_{z0}^{ep} + \lambda \ln\left(\frac{\sigma_z'}{\sigma_{zref}'}\right) + \eta t_e \tag{6-18}$$

公式(6-18)中有参数κ、λ、η、t_e、ε_{z0}^{ep}、σ_{zref}'待确定,其中κ、λ、η由图6-8确定,其他参数的确定方法如下。

(1) t_e的计算方法

公式(6-18)在Yin&Graham提出的时间线模型基础上,考虑了泥炭土固结特性。公式中的参考时间t_e根据Yin&Graham提出的方法计算。设图6-6中n点处应力应变分别为$(\sigma_{z,n}', \varepsilon_{z,n}')$,$(n+1)$点的应力应变分别为$(\sigma_{z,n+1}', \varepsilon_{z,n+1}')$。当有效应力从$\sigma_{z,n}'$增加至$\sigma_{z,n+1}'$时,首先沿弹性线产生弹性应变(瞬间产生),到达$(n+1)'$点,而后在时间$\Delta t$内产生黏塑性变形,到达$(n+1)$点。根据叠加方程,公式(6-12),可以由$n$点计算得到$(n+1)'$的应变为

$$\varepsilon_{z,(n+1)'} = \varepsilon_{z,n} + \kappa \ln\left(\frac{\sigma_{z,(n+1)}'}{\sigma_{z,n}'}\right) \tag{6-19}$$

另一方面,根据泥炭土的本构方程,公式(6-18),可以计算得到$(n+1)'$点处的应变为

$$\varepsilon_{z,(n+1)'} = \varepsilon_{z0}^{ep} + \lambda \ln\left(\frac{\sigma_{z,(n+1)}'}{\sigma_{zref}'}\right) + \eta t_{e,(n+1)'} \tag{6-20}$$

所以,根据公式(6-19)和公式(6-20)可以得到等效时间的计算公式为

$$t_{e,(n+1)'} = \frac{1}{\eta}(\varepsilon_{z,n} - \varepsilon_{z0}^{ep}) + \frac{\kappa}{\eta}\ln\left(\frac{\sigma_{z,(n+1)}'}{\sigma_{z,n}'}\right) - \frac{\lambda}{\eta}\ln\left(\frac{\sigma_{z,(n+1)}'}{\sigma_{zref}'}\right) \tag{6-21}$$

因为$(n+1)'$点由n点瞬时加载而来,则有$t_{e,(n+1)'} = t_{e,n}$,$(n+1)$点处的等效时间$t_{e,(n+1)}$可由n点的等效时间$t_{e,n}$与Δt相加得到,即:

$$t_{e,(n+1)} = t_{e,n} + \Delta t \tag{6-22}$$

所以有:

$$t_{e,(n+1)} = \Delta t + \frac{1}{\eta}(\varepsilon_{z,n} - \varepsilon_{z0}^{ep}) + \frac{\kappa}{\eta}\ln\left(\frac{\sigma_{z,(n+1)}'}{\sigma_{z,n}'}\right) - \frac{\lambda}{\eta}\ln\left(\frac{\sigma_{z,(n+1)}'}{\sigma_{zref}'}\right) \tag{6-23}$$

公式中 Δt 为产生粘塑性变形时间,因为前文分析了泥炭土主固结阶段几乎不产生黏性变形,所以计算时 Δt 为加载时间减去主固结阶段持续时间。

(2) ε_{z0}^{ep}、σ'_{zref} 的计算方法

为简化计算,初始弹塑性应变 ε_{z0}^{ep} 可取为 0。初始参考应力 σ'_{zref} 为正常固结线上的点,设正常固结线上任意一点 m,根据公式(6-15)有:

$$\varepsilon_{mz}^{ep} = \lambda \ln\left(\frac{\sigma'_m}{\sigma'_{zref}}\right) \tag{6-24}$$

将结果代入公式(6-15)和公式(6-24)中,可求得初始参考应力。

6.3 泥炭土一维蠕变固结模型及求解方法

6.3.1 一维蠕变固结模型

根据于芳针对软土提出的分层地基流变固结思路,使用初始有效应力表示不同深度的地基应力应变状态,推导泥炭土的一维非线性流变固结方程,假设地基如图6-12所示。

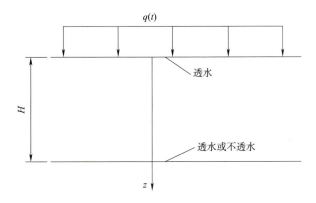

图 6-12 地基固结示意

由前文可知,泥炭土的应变可根据公式(6-18)计算,在固结过程中 σ'_{zref} 可取为初始有效应力,即自重应力,可根据公式(6-25)进行计算。

$$\sigma'_{z0i} = \frac{h_i}{2}(\gamma - \gamma_w) + \sum_{1}^{i-1} h_i(\gamma - \gamma_w) \tag{6-25}$$

式中　h_i——计算土层厚度;

σ'_{z0i}——第 i 层土的初始有效应力;

γ——泥炭土容重;

γ_w——为水的容重。

土层情况可根据实际进行调整。

若假设初始弹塑性应变为 0，则公式(6-18)可表示为

$$\varepsilon_z = \lambda \ln\left(\frac{\sigma_z'}{\sigma_{zref}'}\right) + \eta t_e \tag{6-26}$$

通过对泥炭土的固结特性分析可知，其固结过程中的应力—应变比值、渗透系数有着显著的变化，所以采用 Mesri&Rokhsar 提出的 e-$\lg k_v$、e-$\lg \sigma'$ 关系描述其固结过程。已有研究也表明，泥炭土的孔隙比与渗透系数满足 e-$\lg k_v$ 关系。根据 e-$\lg k_v$ 关系可知：

$$e - e_0 = C_k \lg \frac{k_v}{k_{v0}} \tag{6-27}$$

式中　e——孔隙比；

e_0——初始孔隙比；

k_v——竖向渗透系数；

k_{v0}——初始竖向渗透系数；

C_k——渗透系数变化指数，即 e-$\lg k_v$ 曲线的斜率。

固结方程以 Darcy 定律为基础，根据排水与应变的关系建立等式，即：

$$\frac{1}{\gamma_w}\frac{\partial}{\partial z}\left(k\frac{\partial u}{\partial z}\right) = -\frac{\partial \varepsilon_z}{\partial t} \tag{6-28}$$

式中　u——超静孔隙水压力；

k——竖向渗透系数，因为 k 随有效应力变化，而由公式(6-25)可知有效应力与深度有关，所以未对公式(6-28)进行化简。

通过加入黏性应变对公式(6-26)进行修正：

$$\varepsilon_z = \lambda \ln\left(\frac{\sigma_z'}{\sigma_{z0i}'}\right) + \eta t_e \tag{6-29}$$

根据公式(6-27)，可知应变与渗透系数的关系为

$$\varepsilon_z = -\frac{C_k}{(1+e_0)\ln 10} \ln \frac{k_v}{k_{v0}} \tag{6-30}$$

根据公式(6-29)和公式(6-30)，可以得到渗透系数的表达式为

$$k_v = k_{v0}\left(\frac{\sigma_z'}{\sigma_{z0i}'}\right)^{\frac{\lambda}{A}} \cdot e^{\frac{\eta \cdot t_e}{A}} \tag{6-31}$$

式中　A——计算参数，$A = -\frac{C_k}{(1+e_0)\ln 10}$。

公式中的 k_{v0} 可根据 e-$\lg k_v$ 和 e-$\lg \sigma'$ 关系式联立求得，或根据公式(6-30)，将 $t_e = 0$ 带入后求得。

根据单向固结试验可知体积压缩系数 m_v 的计算公式为

$$m_v = \frac{\partial \varepsilon_z}{\partial \sigma_z'} \tag{6-32}$$

将公式(6-29)带入公式(6-32)，可得：

$$m_v = \frac{\partial \varepsilon_z}{\partial \sigma'_z} = \frac{\lambda}{\sigma'_z} + \eta \frac{1}{\mathrm{d}\sigma'_z} = \frac{\lambda}{\sigma'_z} + \eta \frac{1}{\dot{\sigma}'_z} \tag{6-33}$$

式中　$\dot{\sigma}'_z$——应力变化速率。

根据完全饱和及水不可压缩的假定,有:

$$\sigma'_z(t) = \sigma(t) - u(t) = [q(t) + \sigma'_{z0i}] - u(t) \tag{6-34}$$

式中　$\sigma(t)$——随时间变化的应力;

$u(t)$——随时间变化的孔隙水压力;

$q(t)$——随时间变化的均布作用力。

将公式(6-31)、公式(6-33)和公式(6-34)带入公式(6-28)可以得到泥炭土的一维非线性蠕变固结方程:

$$\frac{k_v}{\gamma_w} \cdot \left(\frac{e^{\eta \varepsilon_e}}{\sigma'^{\lambda}_{z0i}}\right)^{\frac{1}{\lambda}} \cdot \frac{\partial}{\partial z}\left\{[q(t)+\sigma'_{z0i}-u(t)]^{\frac{\lambda}{\lambda}} \cdot \frac{\partial u}{\partial z}\right\} = \frac{\lambda}{q(t)+\sigma'_{z0i}-u(t)} \cdot \left(\frac{\partial u}{\partial t}-\frac{\partial q}{\partial t}\right) - \eta \tag{6-35}$$

1. 边界条件

根据图 6-12 所示,上边界为透水边界,下边界为透水或不透水边界,所以有:

$$z = 0 \text{ 时}, u = 0 \tag{6-36}$$

$$z = H \text{ 时}, u = 0 (\text{透水}) \text{ 或 } \frac{\partial u}{\partial t} = 0 (\text{不透水}) \tag{6-37}$$

2. 初始条件

根据受力条件,加载之初,有:

$$t = 0 \text{ 时}, u = q(0) \tag{6-38}$$

6.3.2　一维蠕变固结方程的半解析解法

通过微分化简的思想对地层、时间进行离散,则有以下假设及结论:

假设一:将图 6-12 中厚度为 H 的泥炭土地层均匀地分成 n 份,假设每个土层内部性质均匀,则土性参数为常数,以角标 i 表示各土层。

假设二:根据公式(6-33),压缩系数 m_v 将随土层深度、加载时间发生变化,当对时间进行离散后,假设单位时间内各个土层内参数不变化。所以,各小土层单位时间内固结满足 Terzaghi 一维固结理论,则有方程:

$$C_{vi} \frac{\partial^2 u_i}{\partial z^2} = \frac{\partial u_i}{\partial t} \tag{6-39}$$

式中　C_{vi}——第 i 个土层某时刻下的固结系数,$C_{vi} = \frac{k_{vi}}{\gamma_w m_{vi}}$。

泥炭土的 m_{vi} 与一般软土不同,其包括黏性变形;u_i 为第 i 个土层某时刻下的超静孔压。根据公式(6-31)和公式(6-33),可知:

$$k_{vi}=k_{v0i}\left(\frac{\sigma'_{zi}(t_n)}{\sigma'_{z0i}}\right)^{\frac{\lambda}{A}}\cdot e^{\frac{\eta t_{ei}(t_n)}{A}} \tag{6-40}$$

$$m_v=\frac{\lambda}{\sigma'_{zi}(t_n)}+\eta\frac{1}{\dot{\sigma}'_z(t_n)} \tag{6-41}$$

$$\sigma'_{zi}(t_n)=q(t_n)+\sigma'_{z0i}-u_i(t_n) \tag{6-42}$$

$$\dot{\sigma}'_z(t_n)=\dot{q}(t_n)-\dot{u}_i(t_n) \tag{6-43}$$

式中 $\sigma'_{zi}(t_n)$——第 i 个土层 t_n 时刻的有效应力；

$\dot{\sigma}'_{zi}(t_n)$——第 i 个土层 t_n 时刻的有效应力的变化率，离散化后时间段内（t_{n-1} 至 t_n 时刻），假设荷载不随时间变化，所以在单级加载条件下：

$$\dot{q}(t_n)=\begin{cases}\dfrac{q_u}{t_c} & t_n\leqslant t_c\\ 0 & t_n>t_c\end{cases} \tag{6-44}$$

式中 t_c——施加荷载的变化时间；

$t_{ei}(t_n)$——第 i 个土层 t_n 时刻的等效时间；

k_{0i}——第 i 个土层的初始渗透系数，可根据公式(6-31)在任意条件下求得，公式为

$$k_{v0i}=k_{vi}\left(\frac{\sigma'_{zi}}{\sigma'_{z0i}}\right)^{-\frac{\lambda}{A}} \tag{6-45}$$

所以，固结系数 C_{vi} 可表示为

$$C_{vi}=\frac{k_{v0i}\left[\dfrac{\sigma'_{zi}(t_n)}{\sigma'_{z0i}}\right]^{\frac{\lambda}{A}}\cdot e^{\frac{\eta t_{ei}(t_n)}{A}}}{\gamma_w\left[\dfrac{\lambda}{\sigma'_{zi}(t_n)}++\eta\dfrac{1}{\dot{\sigma}'_z(t_n)}\right]} \tag{6-46}$$

根据公式(6-39)可知第 1 层土的初始（$t=0$）时的固结系数为

$$C_{v1}=\frac{k_{v01}}{\gamma_w\left[\dfrac{\lambda}{\sigma'_{z01}}+\eta\dfrac{1}{\dot{\sigma}'_z(t_0)}\right]} \tag{6-47}$$

假设第 i 个土层，t_n 时刻的超静孔隙水压力 $u_i(t_n)$ 可以根据积分表示为

$$u_i(t_n)=\frac{1}{h_i}\int_{z_{i-1}}^{z_i}u_i(z,t_n)dz \tag{6-48}$$

在加载初期，即 t_0 时刻，有 $u(0)=u(z,0)=q(0)$。同时，公式(6-43)中的 $\dot{u}_i(t_n)$ 可以根据导数定义表示为

$$\dot{u}_i(t_n)=\frac{u_i(t_n)-u_i(t_{n-1})}{t_n-t_{n-1}} \tag{6-49}$$

在 t_{n-1} 至 t_n 时间段内，有效应力近似为常数，所以以 t_{n-1} 时刻的有效应力 $\sigma'_{zi}(t_{n-1})$ 表示时间段内应力，即 t_{n-1} 至 t_n 时间段内有效应力 $\sigma'_{zi}(t_{n-1})$ 为

$$\sigma'_{zi}(t_{n-1})=q(t_{n-1})+\sigma'_{z0i}-u_i(t_{n-1}) \tag{6-50}$$

所以，t_{n-1} 时刻的等效时间可表示为

$$t_{ei}(t_{n-1}) = \Delta t_{(n-1)} + \frac{1}{\eta}\varepsilon_{z,n} + \frac{\kappa}{\eta}\ln\left(\frac{\sigma_z'(t_{n-1})}{\sigma_z'(t_{n-2})}\right) - \frac{\lambda}{\eta}\ln\left(\frac{\sigma_z'(t_{n-1})}{\sigma_{zi}'}\right) \tag{6-51}$$

式中 $\Delta t_{(n-1)}$——$t_{n-1} \sim t_n$ 的时间间隔。

公式(6-39)满足的初始及边界条件见公式(6-36)～公式(6-38)，另外，根据多层地基边界渗透连续性条件，当 $z = z_i$ 时，有：

$$u_i = u_{i+1}, k_{vi}\frac{\partial u_i}{\partial z} = k_{v(i+1)}\frac{\partial u_{(i+1)}}{\partial z}, (i=1,2,3,4\cdots\cdots) \tag{6-52}$$

根据谢康和、于芳等研究人员提出的求解多层线弹性地基的计算方法，满足公式(6-39)的解可表示为

$$u_i = \sum_{m=1}^{\infty} C_m g_{mi}(z) e^{-\beta_m t}, (i=1,2,3,4\cdots\cdots) \tag{6-53}$$

$$\beta_m = \lambda_m^2 C_{v1}/H^2 \tag{6-54}$$

式中，C_m、$g_{mi}(z)$、β_m、λ_m 为待定系数。

其中：

$$C_m = \frac{\sum_{i=1}^{n} b_i \int_{z_{i-1}}^{z_i} g_{mi}(z)\mathrm{d}z}{\sum_{i=1}^{n} b_i \int_{z_{i-1}}^{z_i} g_{mi}^2(z)\mathrm{d}z}$$

$$= \frac{2\sum_{i=1}^{n} u_{0i}\sqrt{a_i b_i}\left[A_{mi}(C_i - D_{i+1}) + B_{mi}(B_{i+1} - A_i)\right]}{\sum_{i=1}^{n}\sqrt{a_i b_i}\left[\mu_i \rho_i \lambda_i (A_{mi}^2 + B_{mi}^2) + (B_{mi}^2 - A_{mi}^2)(D_{i+1}B_{i+1} - C_i A_i) + 2A_{mi}B_{mi}(C_i^2 - D_{i+1}^2)\right]} \tag{6-55}$$

$$g_{mi}(z) = A_{mi}\sin\left(\mu_i \lambda_m \frac{z}{H}\right) + B_{mi}\cos\left(\mu_i \lambda_m \frac{z}{H}\right) \tag{6-56}$$

对公式(6-54)和公式(6-55)中的变量做如下定义：

$$a_i = \frac{k_{vi}}{k_{v1}}, b_i = \frac{m_{vi}}{m_{v1}}, \rho_i = \frac{h_i}{H}, \mu_i = \sqrt{\frac{C_{v1}}{C_{vi}}} = \sqrt{\frac{b_i}{a_i}}, (i=1,2,3,4\cdots\cdots)$$

公式(6-55)中 A_{mi}、B_{mi} 可根据递推公式进行计算：

$$\begin{cases} [A_{m1} \quad B_{m1}]^\mathrm{T} = [1 \quad 0]^\mathrm{T} \\ [A_{mi} \quad B_{mi}]^\mathrm{T} = S_i [A_{m(i-1)} \quad B_{m(i-1)}]^\mathrm{T}, (i=1,2,3,4\cdots\cdots) \end{cases} \tag{6-57}$$

式中

$$S_i = \begin{bmatrix} A_i B_i + d_i C_i D_i & A_i D_i - d_i C_i B_i \\ C_i B_i - d_i A_i D_i & C_i D_i + d_i A_i B_i \end{bmatrix} \tag{6-58}$$

S_i 矩阵中 A_i、B_i、C_i、D_i、d_i 的计算方法为

$$A_i = \sin\left(\mu_i \lambda_m \frac{z_{i-1}}{H}\right), B_i = \sin\left(\mu_{i-1}\lambda_m \frac{z_{i-1}}{H}\right), C_i = \cos\left(\mu_i \lambda_m \frac{z_{i-1}}{H}\right), D_i = \cos\left(\mu_{i-1}\lambda_m \frac{z_{i-1}}{H}\right)$$

$$d_i = \frac{k_{v(i-1)}}{k_{vi}}\sqrt{\frac{C_{vi}}{C_{v(i-1)}}} = \sqrt{\frac{a_{i-1}b_{i-1}}{a_i b_i}}$$

λ_m 为以下超越方程的正根为

$$0 = S_{n+1} \cdot S_n \cdots S_2 \cdot S_1 \tag{6-59}$$

式中，$S_1 = [1\ \ 0]^T$，当底面透水时：$S_{n+1} = [\sin(\mu_i\lambda_m)\ \ \cos(\mu_i\lambda_m)]$，当底面不透水时：$S_{n+1} = [\sin(\mu_i\lambda_m)\ \ -\cos(\mu_i\lambda_m)]$。

根据公式(6-53)，第 i 层土在 t_{n-1} 至 t_n 时间段内超静孔压可表示为

$$u_i(z,t) = \sum_{m=1}^{\infty} C_m g_{mi}(z) e^{-\beta_m(t-t_{n-1})} \tag{6-60}$$

所以在时刻 t_n 时，超静孔压可表示为

$$u_i(z,t) = \sum_{m=1}^{\infty} C_m g_{mi}(z) e^{-\beta_m \Delta t} \tag{6-61}$$

$$\Delta t = t_n - t_{n-1} \tag{6-62}$$

所以平均固结度可表示为

$$U_p = \frac{q-u}{q} = 1 - \frac{1}{q}\sum_{i=1}^{n} \rho_i u_i \tag{6-63}$$

式中 q——施加荷载。

t_n 时刻的地基总沉降可表示为

$$S(t_n) = \sum_{i=1}^{n} \varepsilon_{zi}(t_n) h_i \tag{6-64}$$

$$\varepsilon_{zi}(t_n) = \lambda \ln\left[\frac{q_u + \sigma'_{z0i} - u_i(t_n)}{\sigma'_{z0i}}\right] + \eta t_e(t_n) \tag{6-65}$$

6.3.3 一维蠕变固结方程的简化解法

在工程设计施工中，工程人员更关注地基的最终沉降量，而公式(6-65)的半解析计算方法求解过程中涉及微分、递推等算法，无法简单、快速的获得计算结果。所以根据泥炭土固结过程的分析结果，提出一种基于固结试验的应变简化计算方法，根据公式(6-18)有：

$$\varepsilon_z = \varepsilon_{z0}^{ep} + \lambda \ln\left(\frac{\sigma'_z}{\sigma'_{zref}}\right) + \eta t_e \tag{6-66}$$

初始参考应力 σ'_{zref} 和 ε_{z0}^{ep} 可以使用首级加载数据或以泥炭土层中心位置的自重应力进行计算。根据图 6-11 中数据分析可知，泥炭土在先期固结压力前后，其 $C_{ep}(\lambda)$ 有较大变化，而根据图 3-15 可知泥炭土的黏性应变速率 R_{ter} 几乎不随荷载变化。所以公式(6-66)可表示为

$$\varepsilon_z = \begin{cases} \varepsilon_{zi}^{ep} + C_{ep}^1 \ln\left(\dfrac{\sigma'_z}{\sigma'_{z0i}}\right) + R_{ter} t_e & (p < p_c) \\ \varepsilon_{zp} + C_{ep}^2 \ln\left(\dfrac{\sigma'_z}{\sigma'_{zp_c}}\right) + R_{ter} t_e & (p \geqslant p_c) \end{cases} \tag{6-67}$$

式中 C_{ep}^1, C_{ep}^2——小于或大于先期固结压力时的与时间无关的弹塑性应变与 $\ln \sigma_z'$ 关系曲线的斜率,可根据固结试验数据,根据图 6-8 方法进行计算;

R_{ter}——黏性应变速率,可根据固结试验数据,根据图 3-5 方法进行计算;

t_e——蠕变变形时间(等效时间);

ε_{zp}——荷载小于先期固结压力时的累积应变,计算方法为

$$\varepsilon_{zp} = \varepsilon_{zi}^{ep} + C_{ep}^1 \ln\left(\frac{\sigma_{zp_c}'}{\sigma_{z0i}'}\right) = \varepsilon_{zi}^{ep} + (\kappa + \zeta)\ln\left(\frac{\sigma_{zp_c}'}{\sigma_{z0i}'}\right) \tag{6-68}$$

t_e 可根据公式(6-69)进行计算:

$$t_e = \sum_{i=1}^{n} t_{ei} = \sum_{i=1}^{n} (T_{ter} - T_{pri}) \tag{6-69}$$

式中 t_{ei}——第 i 级荷载黏性应变变形时间,min;

T_{pri}, T_{ter}——主固结阶段和第三固结阶段的结束时间,min。

根据第 3 章数据,计算本文所用泥炭土的 t_e 随荷载的变化规律,如图 6-13 所示。

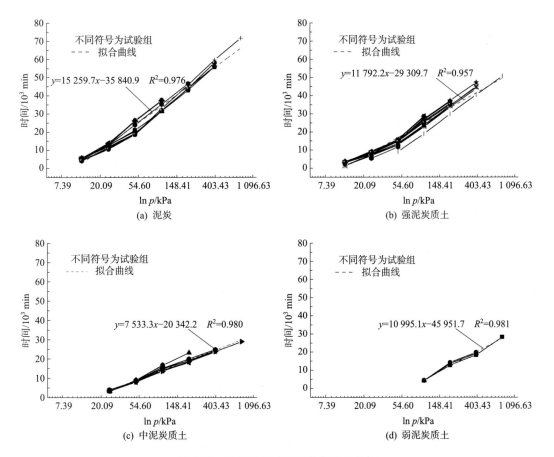

图 6-13 黏性应变时间随荷载变化数据

从图 6-13 可以看出，泥炭土的蠕变持续时间 t_e 与 $\ln p$ 呈显著的线性关系，且相关性极好，所以，t_e 可表示为

$$t_e - t_{e0} = C_t \ln\left(\frac{\sigma_z'}{\sigma_{z0i}'}\right) \tag{6-70}$$

式中　C_t——蠕变时间系数，为 t_e-$\ln P$ 曲线斜率；

　　　t_{e0}——应力等于 σ_{z0i}' 时的等效时间；

　　　σ_{z0i}'——初级荷载；

　　　t_{e0}——σ_{z0i}' 对应的等效时间。

所以，公式(6-67)可表示为

$$\varepsilon_z = \begin{cases} \varepsilon_{zi}^{ep} + C_{ep}^1 \ln\left(\dfrac{\sigma_z'}{\sigma_{z0i}'}\right) + R_{ter}\left[C_t \ln\left(\dfrac{\sigma_z'}{\sigma_{z0i}'}\right) - t_{e0}\right] & (p < p_C) \\[2ex] \varepsilon_{zp} + C_{ep}^2 \ln\left(\dfrac{\sigma_z'}{\sigma_{zp_C}'}\right) + R_{ter}\left[C_t \ln\left(\dfrac{\sigma_z'}{\sigma_{z0i}'}\right) - t_{e0}\right] & (p \geqslant p_C) \end{cases} \tag{6-71}$$

ε_{zp} 可以根据(6-68)计算。对于弱泥炭质土，当荷载小于先期固结压力时，即 $p < p_C$，其固结过程以主、次固结阶段划分，所以可以对公式(6-71)进行简化，应变可表示为

$$\varepsilon_z = \begin{cases} \varepsilon_{zi}^{ep} + C_{ep}'^{1} \ln\left(\dfrac{\sigma_z'}{\sigma_{z0i}'}\right) & (p < p_C) \\[2ex] \varepsilon_{zp} + C_{ep}^2 \ln\left(\dfrac{\sigma_z'}{\sigma_{zp_C}'}\right) + R_{ter}\left[C_t \ln\left(\dfrac{\sigma_z'}{\sigma_{z0i}'}\right) - t_{e0}\right] & (p \geqslant p_C) \end{cases} \tag{6-72}$$

式中　$C_{ep}'^{1}$——小于先期固结压力时，根据固结两阶段划分方法计算得到应变随 $\ln\sigma_z'$ 变化曲线的斜率，如图 6-8(d)所示，$C_{ep}'^{1} = \kappa + \zeta$；

　　　ε_{zp}——荷载小于先期固结压力时的累积应变，计算方法为

$$\varepsilon_{zp} = C_{ep}'^{1} \ln\left(\frac{\sigma_{zp_C}'}{\sigma_{z0i}'}\right) = (\kappa + \zeta)\ln\left(\frac{\sigma_{zp_C}'}{\sigma_{z0i}'}\right) \tag{6-73}$$

泥炭土的应变可以根据有机质含量的不同，通过公式(6-71)或公式(6-72)中进行简化计算，式中各参数均具有相应的物理意义，且均可以通过单向固结试验获得，可以较为便捷的计算泥炭土的变形量。

本章小结

本章通过试验测得泥炭土固结过程中不同阶段应力应变关系和卸载后的回弹变形量，分析了应变性质，在 Yin&Graham"时间线"模型基础上，建立泥炭土的黏弹塑性本构关系，并将其带入一维固结微分方程中，得到了以下主要结论：

(1)泥炭土的固结过程中，主固结阶段产生了弹性应变，在次固结阶段主要产生了塑性

应变,而在持续时间较长、变形速率小且稳定的第三固结阶段,产生了不可恢复的黏性应变,同时,在第三固结阶段的长时间加载过程中,泥炭土的土骨架结构产生破坏(包括压缩和有机质纤维的分解破坏),导致回弹变形显著减小。

(2)泥炭土的弹性应变和与时间无关的塑性应变均随 $\ln\sigma'_z$ 呈现出两个阶段的线性变化,当荷载小于先期固结压力 p_c 时,变形模量较小,当荷载大于先期固结压力后,变形模量增大。

(3)根据泥炭土固结过程中应变的性质,和 Yin & Graham 的"时间线"模型,建立了泥炭土的应力-应变关系,以应变累加曲线定义了泥炭土流变模型中的弹性线、参考时间线,以 ε_z-t 关系曲线定义了泥炭土的黏性应变速率。同时,在分析了 e-$\lg k_v$、e-$\lg \sigma'$ 关系基础上,建立了泥炭土的一维非线性流变固结模型。在多层线弹性地基的沉降计算方法的基础上,以微分思想提出了泥炭土流变模型的半解析解,可以准确的计算泥炭土的应力-应变-时间关系。

(4)四种典型泥炭土的等效时间 t_e 均随 $\ln p$ 线性增大,斜率定义为蠕变时间系数 C_t。根据 t_e-$\ln p$ 模型,提出泥炭土一维非线性流变固结方程的简化解法,可以准确预测在加载过程中泥炭土的应变。

第7章 泥炭土地基沉降规律与计算方法

泥炭土地基沉降量大,沉降持续时间长,沉降过程与一般软土有着明显差异,给预测带来了较大难度。本章通过相似理论配置了相似泥炭土,使用相似土等比例填筑地基和路堤并进行加载,获得模型地基沉降数据,并与收集到的地基沉降监测数据进行对比,研究泥炭土地基的沉降规律;通过分离不同阶段沉降量,在分层总和法的基础上,提出泥炭土的地基沉降计算方法,结合模型试验及原位沉降数据,对计算结果和实测结果进行了对比分析。

7.1 泥炭土地基沉降规律

7.1.1 模型试验概况

模型试验中路堤结构形式根据大丽高速公路软基路段实际工况确定,该路段路基顶面宽度为 24.5 m,路堤填筑高度 4 m,边坡坡率为 1∶1.5,地层结构自上而下依次为 1.9 m 厚杂填土和 10.67 m 厚泥炭质土。

模型箱由 4 cm×4 cm 方管焊接成框架,除一个观测面为有机玻璃板(PMMA)外,其余侧面与底面为钢板,顶面敞开,模型箱尺寸为 2.4 m×0.6 m×1.0 m,如图 7-1 所示。模型箱观测面外,在距路堤中心线距离 B 为 100 mm、300 mm、500 mm、612.5 mm、912.5 mm、1 212.5 mm 以及 1 512.5 mm 处竖向粘贴刻度尺,并在地基表面紧贴有机玻璃板水平向放置绿色标记绳,设置沉降观测点 7 个($Y_1 \sim Y_7$),用来读取地基沉降数值,模型试验的测点布置如图 7-2 所示。加载前,在路堤边坡外用环刀取得固结试验试样,根据 JTG 3430—2020《公路土工试验规程》及泥炭土单向固结试验方法进行固结试验。

图 7-1 试验使用的模型箱

模型试验地基填筑前在除有机玻璃板外的其他 4 个面覆盖塑料薄膜,以防止水的快速排出。使用配制模型土(相似泥炭土)填筑地基,厚度为 65 cm,分层填入模型箱并捣实。路堤采用普通素土填筑。根据大丽高速公路实际路堤情况及模型箱尺寸,将路堤尺寸缩小 20 倍,分层填筑并夯实。在路基顶面放置加载板(60 cm×60 cm),并在加载板上进行堆载,堆载位置如图 7-3 所示。荷载采用逐级加载的方式加载至 30 kPa,每级加载 24 h。为探究泥炭土长时间持续沉降的变化,最后一级 30 kPa 荷载加载至沉降稳定,不同种类地基土的具体加载过程见表 7-1。

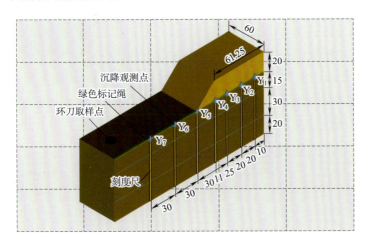

图 7-2 模型试验测点布置示意(单位:cm)

图 7-3 模型箱堆载示意

表 7-1 模型试验加载时间

荷载/kPa	加载时间/d				
	淤泥质土	弱泥炭质土	中泥炭质土	强泥炭质土	泥炭
2.4	1	1	1	1	1
6	1	1	1	1	1
9.5	1	1	1	1	1
13	1	1	1	1	1
18	1	1	1	1	1
24	1	1	1	1	1
30	24[①]	21	28	69	84

注:①淤泥质土加载至 24 d 是为了便于数据对比,沉降在加载约 24 h 后即已停止。

7.1.2 模型土的配制

由于泥炭土较为松散,大尺寸泥炭土原状样在取样、运输过程中无法保证其结构性,所以在模型试验中可以使用配制的相似土填筑地基。为了更好模拟出泥炭土中根系的加筋效果,在配制相似土时使用素土和含有天然根系的 TREF 草炭土进行掺配,土性参数见表 7-3。依据相似理论的相似三定理,参照相关研究成果,相似材料应满足的相似条件见式(7-1)。

$$\frac{C_\sigma}{C_l C_\gamma}=1, C_E=C_\sigma=C_c, C_\mu=1, C_\varphi=1, C_\omega=1 \tag{7-1}$$

式中,C_σ、C_l、C_γ、C_E、C_μ、C_c、C_φ、C_ω 分别为应力、几何、容重、模量、泊松比、黏聚力、内摩擦角和含水率的相似比。

根据已有研究结论,泥炭土地基沉降量主要与地基的压缩模量、黏聚力、内摩擦角、有机质含量以及密度和含水率有较强的相关性,所以选择上述参数作为配制模型土的相似指标。

由模型箱及现场尺寸确定几何相似比为 $C_l=20$,本文取 $C_\gamma=1$,根据式(7-1)可得 $C_\varphi=1$,$C_\omega=1$,$C_\sigma=C_E=C_c=20$。所以,相似土的配制过程中,密度、含水率、有机质和内摩擦角参数相似比取 1,压缩模量和黏聚力参数相似比取 20。模型土土性参数参照大理地区泥炭土已有研究数据,计算模型土目标参数,见表 7-2。

表 7-2 土性参数范围及模型土目标参数范围

项	目	有机质含量 w_u /%	密度 ρ /(g·cm^{-3})	含水率 ω /%	压缩模量①E_s /MPa	黏聚力 C /kPa	内摩擦角 φ /(°)
泥炭	土性参数	61.0~74.9	0.80~1.15	271.0~487.0	0.65~1.10	4.0~99.0	1~22
	目标参数	61.0~74.9	0.80~1.15	271.0~487.0	0.033~0.055	0.20~4.95	1~22
强泥炭质土	土性参数	41.8~55.8	0.92~1.30	96.2~293.9	0.72~2.88	16.3~45.0	15.6~25
	目标参数	41.8~55.8	0.92~1.30	96.2~293.9	0.036~0.144	0.82~2.25	15.6~25
中泥炭质土	土性参数	26.4~39.8	0.98~1.60	30.1~219.8	0.92~2.58	3.0~45.0	6~20
	目标参数	26.4~39.8	0.98~1.60	30.1~219.8	0.046~0.129	0.15~2.25	6~20
弱泥炭质土	土性参数	15.1~24.3	1.27~1.75	42.0~115.0	0.94~2.87	8.0~45.0	1~21
	目标参数	15.1~24.3	1.27~1.75	42.0~1150	0.047~0.144	0.40~2.25	1~21
淤泥质土	土性参数	7.4~9.1	1.44~1.94	26.0~69.0	2~4	4.0~30.0	14~30
	目标参数	7.4~9.1	1.44~1.94	26.0~69.0	0.1~0.2	0.20~1.50	14~30

注:①压缩模量取 100~200 kPa 时的压缩模量,模型目标参数中的压缩模量根据荷载为 1/20 时测得,即 5~10 kPa。

在配制模型土时,采用模糊综合评价法对配制土的相似性进行评价,计算方法见式(7-2)和式(7-3),计算结果最接近 1 的试验组为最优。

$$\mu_{ij}=1-\left|\frac{X_i-c_i\times X_{ij}}{X_i}\right| \tag{7-2}$$

$$Z_j=\sum_{i=1}^{n}\omega_i\mu_{ij} \tag{7-3}$$

式中 μ_{ij}——第 j 组模型土的第 i 个相似指标的相似程度;

Z_j——第 j 组模型土的相似性;

X_i——原状土第 i 个指标值;

X_{ij}——第 j 组模型土第 i 个指标值；

c_i——第 i 个指标的相似系数；

ω_i——第 i 个指标的权重，计算时均取 1/6。

通过多组模型土试配，计算不同组的 Z_j 值，可以得到四种典型泥炭土以及淤泥质土的最优模型土配制比例，其土性参数与相似值见表 7-3。

表 7-3 配制模型土参数

土类别	草炭土含量/%	素土含量/%	密度 ρ/(g·cm^{-3})	含水率 ω/%	有机质含量 w_u/%	孔隙比 e	压缩模量 E_s/MPa	黏聚力 C/kPa	内摩擦角 φ/(°)	相似值 Z
素土	0	100	1.75	21.7	—	—	—	8.19	29.75	—
草炭土	100	0	0.55	261.2	—	—	—	6.5	26.72	—
泥炭	80	20	0.76	290.1	73.42	4.85	0.909	1.82	25.83	0.963
强泥炭质土	60	40	0.94	190.8	50.09	4.64	1.196	1.92	26.7	0.989
中泥炭质土	50	50	1.23	91.37	34.9	2.03	0.078	1.3	15.15	0.971
弱泥炭质土	20	80	1.49	58.84	17.46	1.22	0.098	1.90	13.04	0.984
淤泥质土	10	90	1.62	50.83	9.01	1.27	2.725	1.74	30.82	0.969

从表 7-3 可以看出，模型土配制比例的相似值 Z 均超过了 0.96，且为多组对比试验最优相似值，所以，本文所用模型土以表 7-3 为掺配比例进行配制。

7.1.3 沉降数据分析

根据四种典型泥炭土和淤泥质土的掺配比例、加载序列以及沉降数据观测布设点位进行试验，测得沉降数据如图 7-4 所示。

从图 7-4 中可以看出，无论有机质含量高低，路堤下泥炭土地基的沉降量随着距路堤中心线的距离逐渐减小，到路肩处 Y_4 时只有极小的沉降量，且在较短时间内趋于稳定，路堤坡脚处以及坡脚外的沉降量几乎为 0。在距路基中心线最近的测点 Y_1 处，沉降量最大，四种泥炭土路基中心线附近的沉降约为路肩处的 2~8 倍。图 7-4(f)为不同种类土地基沉降量最大点 Y_1 的沉降量对比。首先，在 30 kPa 荷载条件下，淤泥质土在加载约 24 h 后趋于稳定，但泥炭土则随着有机质含量的增大，沉降持续时间不断增大，从弱泥炭质土的 21 d 逐渐增大至泥炭的 84 d。同时，随着有机质含量的增大，泥炭土地基的沉降量也逐渐增大。

为分析模型试验泥炭土的沉降过程，绘制四种泥炭土 30 kPa 荷载时的沉降与 $\lg t$ 关系曲线，如图 7-5(a)所示。从图 7-5(a)的模型试验数据可以看出，对于等比例缩小的模型试验，淤泥质土的沉降量与 $\lg t$ 具有较为显著的反 S 形。对于四种典型泥炭土，其 S-$\lg t$ 曲线在淤泥质土逐渐趋于稳定的次固结阶段，斜率再次增大，主要是因为泥炭土变形持续时间

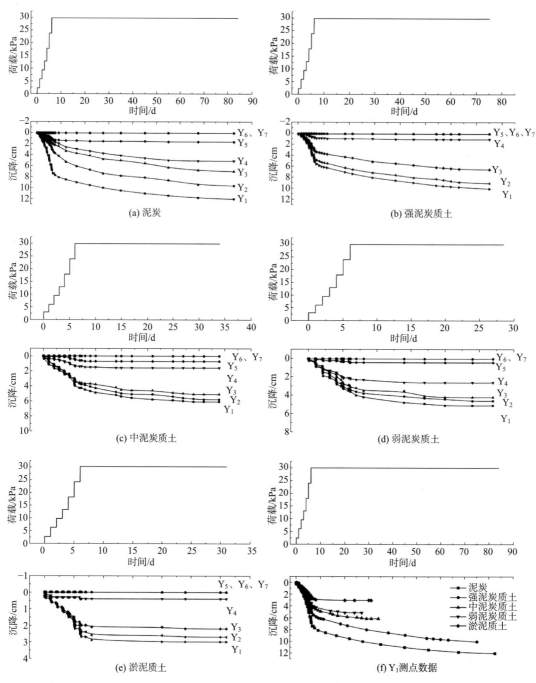

图 7-4 泥炭土模型试验沉降曲线

长,当横坐标的时间取对数后,长时间产生的变形被集中在较小的横坐标变化上,导致曲线斜率不断增大。在最终沉降稳定时,同样因为横坐标对时间取对数,所以并未出现明显的水平段。

统计得到的国内外泥炭土地基原位沉降观测数据如图 7-5(b)所示,从图 7-5(b)中可以看出,不同地区泥炭土地基的原位沉降与模型试验数据如图 7-5(a)所示、单向固结试验数据(图 3-4(f))一致,均具有变形量大、变形持续时间长的显著特点,同样未出现一般软土的反 S 型变化。因此,无论是小试样的室内单向固结试验数据、等比例缩小的模型试验数据,还是原位沉降数据,均证明了部分泥炭土的变形过程无法通过传统的主、次固结阶段划分的特殊性。图 7-5(b)中 Guzman 的曲线较其他研究人员数据波动较大,且在起始处出现了负沉降(隆起),其可能的原因是该路堤底面铺设了土工膜,导致单一测点处变形规律受到其他位置的影响,其变形速率产生了波动。

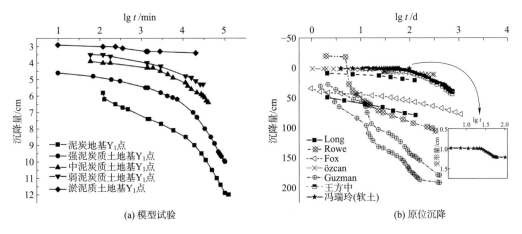

图 7-5　模型试验及原位沉降数据

根据泥炭土固结三阶段的划分方法(图 3-5),将模型试验所得泥炭土地基沉降数据以 $S\text{-}t$ 图像表示,如图 7-6 所示。从图 7-6 中可以看出,泥炭土地基模型试验沉降数据的 $S\text{-}t$ 曲线与单向固结试验变化规律一致,均可以划分为变形快速线性增长的主固结阶段、变速增长的次固结阶段以及慢速线性增长的第三固结阶段,其第三固结阶段的线性拟合相关系数均超过了 0.9。所以,对于泥炭土地基,其沉降变化规律可以采用三阶段进行分析。

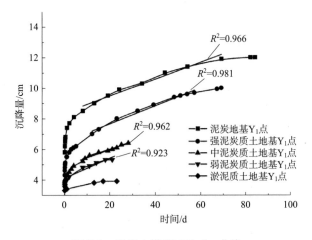

图 7-6　泥炭土模型试验 $S\text{-}t$ 曲线

7.2 泥炭土地基沉降计算方法

7.2.1 分层总和法

分层总和法(图 7-7)由于其计算方法简单、参数易获得而被广泛使用,其思路是将地基按地层或标准厚度划分为 n 层,在求取计算深度、分层应力后,分别计算每层沉降,而后再进行加和,求得地基沉降。

根据分层总和法,有:

$$S = \sum_{n=1}^{N} S_n \tag{7-4}$$

$$S_n = \frac{1}{E_s} p H_n \tag{7-5}$$

$$E_{s(i-1)-i} = \frac{p_i - p_{i-1}}{(d_i - d_{i-1})/1\,000} \tag{7-6}$$

式中 S——地基总沉降量;
S_n——第 n 层地基沉降量。
$E_{s(i-1)-i}$——根据室内试验中第 $(i-1)$ 和第 i 级荷载-应变计算得到的压缩模量,kPa,其计算示意如图 7-8 所示;
p——计算土层所受应力,kPa;
H_n——计算土层厚度,m,一般取 $H_n \leqslant 0.4b$ 或 $1\sim 2$ m,b 为基础底部宽度,m;
p_i——固结试验某一级荷载值,kPa;
d_i——固结试验第 i 级荷载下的应变,mm/m。

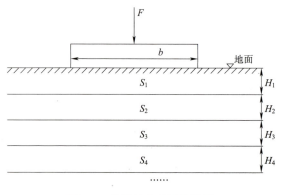

图 7-7 分层总和法计算简图

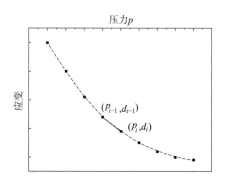

图 7-8 分层总和法压缩模量计算示意

7.2.2 压缩模量取值方法对泥炭土地基沉降计算的影响

一般情况下,公式(7-5)中的 E_s 取 $100\sim 200$ kPa 时的压缩模量,即使用 E_{s1-2} 计算地基沉降。此计算方法最早见于 TJ7-74《工业与民用建筑地基基础设计规范》,因为在 20 世纪七八十年代,我国建筑物以多层为主,变形深度范围内的各土层所受应力区间一般在 100～200 kPa 之间,所以计算误差较小,并且根据 E_{s1-2} 计算得到的沉降量与实际较为相符。而对于泥炭土而言,由于结构较为松散,在荷载较小时也会产生较大的变形,若直接采用 E_{s1-2} 作为全部荷载条件下的压缩模量则会低估其沉降量。

图 7-9 为不同研究人员数据计算得到的压缩模量,从图 7-9(a)中可以看出,泥炭土的压缩模量随着荷载的增大先小量减小,后增大;从图 7-9(b)中可以看出,泥炭土的压缩模量在 25 kPa 处取得最小值。

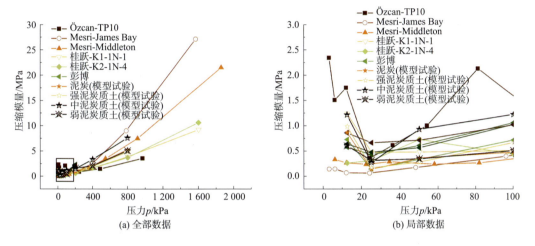

图 7-9 泥炭土压缩模量随荷载变化数据

为了探究适合泥炭土压缩模量的取值方法,使用数据较完整的本文及 Özcan 论文中的工况计算沉降量并与实测数据进行对比分析。

Özcan 文中使用 2.45 m×2.80 m×0.42 m 混凝土板作为加载平面进行堆载,施加总荷载为 34.2 kPa,其沉降监测数据如图 7-10 所示,加载板附近地层情况如图 7-11 所示。使用矩形荷载下的角点法计算竖向附加应力,根据文中数据,黏土压缩模量取 9.67 MPa,沉降计算结果如图 7-12 所示。

本文模型试验计算土层厚度 H=65 cm,根据分层总和法,其计算荷载为:

$$p = 1/2(p_i^t + p_i^b) \tag{7-7}$$

式中 p_i^t——计算土层顶面的竖向附加应力,kPa;

p_i^b——计算土层底面的竖向附加应力,kPa。

根据堆载以及模型路堤填土容重可以计算得到 p_i^t=33.5 kPa。根据梯形路堤下附加应力分布规律可以计算得到 p_i^b=16.1 kPa。所以分层总和法的计算荷载 p=24.8 kPa,沉降计算结果如图 7-12 所示。

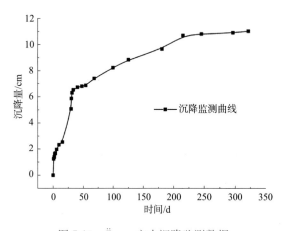

图 7-10　Özcan 文中沉降监测数据

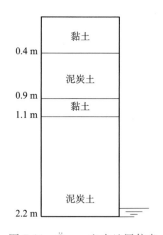

图 7-11　Özcan 文中地层信息

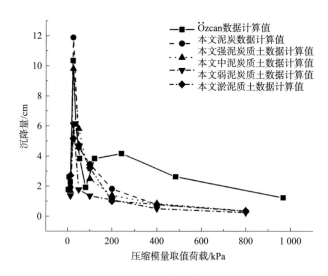

图 7-12　沉降计算结果

从图 7-12 可以看出，随着压缩模量取值荷载的增大，沉降计算结果先增大、后减小，最后趋于稳定。沉降计算结果在压缩模量取值荷载为 12.5～25 kPa 时达到峰值，且此时最接近实际沉降量，误差见表 7-4。

表 7-4　计算结果与观测结果对比

项　　目	Özcan	泥炭	强泥炭质土	中泥炭质土	弱泥炭质土
计算结果/cm	10.32	11.86	9.78	5.90	5.15
观测数据/cm	11.03	12	10	6.1	5.1
误差/%	−6.4	−1.2	−2.2	−3.3	0.9

综上所述，泥炭土的压缩模量会随着荷载的增大先减小，后增大，约在 25 kPa 时取得最小值，使用此时的压缩模量通过分层总和法计算所得沉降量与实测值最接近。因此，对泥炭

土地基,采用分层总和法计算沉降量时,压缩模量建议使用$E_{s0.125-0.25}$,但仍存在计算沉降小于实际沉降量的潜在危险。

7.2.3 考虑蠕变及固结三阶段的分层总和法

在一般的分层总和法中,不考虑变形的性质,将所有变形归于唯一的E_s进行计算,而泥炭土的变形中包含较为显著的蠕变变形,由于室内试验与实际地层在尺寸、加载时间等条件上的差异,单独使用E_s会出现实际沉降量大于计算值的情况。同时,使用统一的压缩模量忽略了泥炭土地基的蠕变变形过程,不利于地基处置方法的进一步研究。

对于泥炭土,其固结可以分为三个阶段,即主固结阶段、次固结阶段和第三固结阶段,所以单层地基沉降量S_n可以被表示为

$$S_n = S_n^e + S_n^{sp} + S_n^{tp} = S_n^{ep} + S_n^{tp} \tag{7-8}$$

式中　$S_n^e, S_n^{sp}, S_n^{tp}$——分别为第$n$层地基由于弹性、与时间无关的塑性以及与时间有关的塑性(黏性)变形引起的沉降;

　　　S_n^{ep}——与时间无关的弹塑性变形引起的沉降。

根据第6章结论,泥炭土的主、次固结阶段应变分别为弹性应变以及与时间无关的塑性应变,可根据E_s^{ep}计算,有:

$$S_n^{ep} = \frac{pH_n}{E_s^{ep}} \tag{7-9}$$

式中　p——计算土层所受应力,kPa;

　　　H_n——第n个计算土层的厚度,m;

　　　E_s^{ep}——与时间无关的弹塑性模量,kPa。

图7-13为主、次固结阶段应变以及二者的和(弹塑性应变)随荷载的累加曲线。

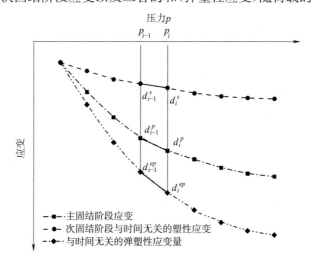

图7-13　泥炭土与时间无关的弹塑性模量计算示意

与图 7-8 类似，可以得到与时间无关的弹塑性模量的计算公式为

$$E_s^{ep}=\frac{p_i-p_{i-1}}{(d_i^{ep}-d_{i-1}^{ep})/1\,000} \tag{7-10}$$

$$d_i^{ep}=\sum_{N=0}^{i}(d_N^s-d_N^0) \tag{7-11}$$

式中　d_i^{ep}——第 i 级荷载时的累计弹塑性应变，mm/m；

d_N^s——第 N 级（$N=0,1,2\ldots i$）荷载次固结结束时的应变，mm/m；

d_N^0——第 N 级（$N=0,1,2\ldots i$）荷载加载前的应变，mm/m。

将公式(7-11)带入公式(7-10)，可得：

$$E_s^{ep}=\frac{p_i-p_{i-1}}{(d_i^s-d_i^0)/1\,000} \tag{7-12}$$

根据第 6 章结论，泥炭土层的黏性沉降可表示为

$$S_n^{tp}=R_{ter}t_eH_n=R_{ter}\left[C_t\ln\left(\frac{p_i}{p_0}\right)-t_{e0}\right]H_n \tag{7-13}$$

式中　R_{ter}——黏性应变速率，mm/min；

t_e——等效时间，min，即黏性变形持续时间；

C_t——蠕变时间系数；

t_{e0}——单向固结试验首级荷载次固结阶段和第三固结阶段持续时间，min；

H_n——第 n 个计算土层的厚度，m。

所以，沉降可表示为

$$S_n=\frac{pH_n}{E_s^{ep}}+R_{ter}\left[C_t\ln\left(\frac{p_i}{p_0}\right)-t_{e0}\right]H_n=\frac{pH_n}{E_s^{ep}}+QH_n \tag{7-14}$$

$$Q=R_{ter}\left[C_t\ln\left(\frac{p_i}{p_0}\right)-t_{e0}\right] \tag{7-15}$$

此外，分层总和法计算沉降主要包括固结沉降和由侧向变形产生的沉降，前者是孔隙水的排出而产生的沉降，后者主要发生在非排水沉降过程中，一般通过在固结沉降基础上使用侧限修正系数计算，对于泥炭土，其主固结阶段和次固结阶段的变形完全由排水引起，而第三固结阶段会产生由于结构性变化的非排水引起的变形，所以在泥炭土地基的沉降计算过程中，应仅对第三固结阶段变形进行侧限修正，提高计算结果的精度，所以公式(7-14)可表示为

$$S_n=\frac{p}{E_s^{ep}}H_n+\frac{Q}{M}H_n \tag{7-16}$$

$$M=\frac{1-\nu-\nu^2}{1-\nu} \tag{7-17}$$

式中　M——侧限修正系数；

ν——泊松比，根据已有研究，泥炭土泊松比可取 $\nu=0.3$。

7.3 泥炭土分阶段分层总和法计算验证

对四种模型土 25 kPa 时的单向固结试验数据进行分析,如图 7-14 所示。

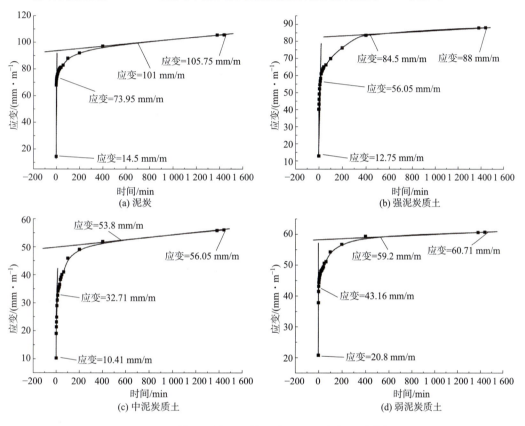

图 7-14　模型土单向固结试验 25 kPa 荷载试验数据

同样的,Özcan 文中给出了 21.4 kPa 时的单向固结试验数据,如图 7-15 所示。根据图 7-14 和图 7-15 中的数据,可以计算得到模型试验土与时间无关的弹塑性模量 E_s^{ep}、第三固结阶段蠕变速率 R_{ter},结果见表 7-5。模型试验蠕变时间根据第 3 章不同种类泥炭土蠕变时间系数计算,Özcan 文中数据的蠕变时间以固结试验第三固结阶段持续时间为准。根据公式(7-16),可以计算得到模型试验四种泥炭土地基的沉降量及误差百分比,见表 7-5。

表 7-5　沉降计算参数及计算结果

项　目	时间无关的弹塑性模量 E_s^{ep}/kPa	蠕变速率 R_{ter}/min	蠕变时间 t_e/min	计算沉降量/cm	实际沉降量/cm	计算误差/%
泥炭	148	3.10×10^{-6}	6 358	12.3	12	2.5
强泥炭质土	174	3.50×10^{-6}	4 600	10.4	10	4.0

续上表

项 目	时间无关的弹塑性模量 E_s^{ep}/kPa	蠕变速率 R_{ter}/min	蠕变时间 t_e/min	计算沉降量/cm	实际沉降量/cm	计算误差/%
中泥炭质土	290	2.62×10^{-6}	3 580	6.2	6.1	1.6
弱泥炭质土	315	0	0.00	5.1	5.1	0.0
Özcan 数据	520	3.23×10^{-8}	177 984	11.16	11.03	1.2

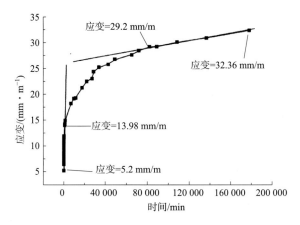

图 7-15　Özcan 文中泥炭土固结数据

从表 7-5 中的数据可以看出，包括 Özcan 文中实际地层沉降数据在内的五组泥炭土地基沉降量均可以被分阶段分层总和法较准确计算，其沉降量的误差均在 5% 以内。并且，计算结果均略大于实测结果，较好地解决了计算结果小于实测结果时安全性差的问题。其中，弱泥炭质土可以通过将蠕变时间、蠕变速率设置为 0 计算无蠕变时的沉降，也可获得较为准确的计算结果，表明本文的方法可以针对不同有机质含量的泥炭土使用。

为进一步对比本文提出的泥炭土的分阶段分层总和法的准确性，将传统的分层总和法与本文方法进行比较，对比结果见表 7-6。

表 7-6　不同沉降计算方法结果对比

项 目		泥炭	强泥炭质土	中泥炭质土	弱泥炭质土	Özcan 文中数据
使用 E_{s1-2} 的常规分层总和法	计算值/mm	1.8	1.4	1.3	3.2	3.81
	误差/%	−85.0	−86.0	−78.7	−37.3	−65.5
使用 $E_{s0.125-0.25}$ 的常规分层总和法	计算值/mm	11.8	9.8	5.9	5.2	10.32
	误差/%	−1.7	−2.0	−3.3	2.0	−6.4
区分三阶段的分层总和法 [公式(16)]	计算值/mm	12.3	10.4	6.2	5.1	11.16
	误差/%	2.5	4.0	1.6	0.0	1.2
实测值/mm		12	10	6.1	5.1	11.03

从表 7-6 中可以看出，区分三阶段的分层总和法计算结果误差较小，且误差均为正值，主要原因是该方法通过加入等效时间和黏性应变速率，考虑了沉降的时间效应，即蠕变过

程,使得沉降计算结果更加完整,而其他计算方法尚未考虑该部分沉降,导致计算结果小于实际沉降。所以,使用区分三阶段的分层总和法不仅可以较准确地计算泥炭土地基的沉降,保证工程安全,同时又可以全面的考虑不同种类的沉降类型,有利于地基处置质量的控制。

本章小结

本章主要通过室内模型试验,分析了路堤下不同位置的泥炭土地基沉降规律,同时,以分层总和法为基础,分析了压缩模量、变形性质以及侧限修正范围对泥炭土地基沉降计算结果的影响,主要得到以下结论:

(1)泥炭土地基的沉降在路基中心线附近最大,随着距离路基中心线的距离增加逐渐降低,在路肩处及路肩外几乎为 0。在加载过程中,淤泥质土地基的沉降约在加载后 1 d 左右趋于稳定,而相同厚度泥炭土地基则在加载后不断沉降,最长可达 80 d,且沉降持续时间随着有机质含量的增大而增大。

(2)部分泥炭土的原位沉降 S-$\lg t$ 曲线、模型试验沉降 S-$\lg t$ 曲线与单向固结试验的 d-$\lg t$ 曲线均未出现典型的反 S 形特征,变形量在加载后期不断增大,导致曲线的斜率再次增大,直至变形停止。

(3)通过分析本文试验数据与统计获得的数据,发现泥炭土的压缩模量随着荷载的增大先减小,后逐渐升高,在 12.5~25 kPa 时取得最小值,使用 12.5~25 kPa 时的压缩模量,通过分层总和法计算所得地基沉降量与实测沉降量最接近。因此,对泥炭土地基,采用分层总和法计算沉降量时,压缩模量建议使用$E_{s0.125-0.25}$。

(4)在一般的分层总和法中,将泥炭土沉降划分为与时间无关的弹塑性变形和蠕变变形,使用压缩模量计算与时间无关的弹塑性变形引起的沉降,使用蠕变系数与蠕变速率计算泥炭土地基沉降过程中的长时间的蠕变沉降量,同时调整侧限修正范围,建立了适用于泥炭土地基的分阶段分层总和法,通过模型试验与原位沉降数据进行计算后,对比验证了其准确性。

第 8 章 泥炭土地基处理技术

泥炭土不仅含水量、孔隙比和压缩系数都远大于一般软土,且其土体偏酸性,因此泥炭土地基加固处理的方法应该有其特点,处理的技术难度也比一般软土大得多。根据国内外报道,目前对泥炭土地基的处理技术均参照一般软土的处理技术,主要采用排水固结法、复合地基法进行处理,而复合地基法中则大都采用了水泥等无机结合料作为固化剂。复合地基法虽然在一定程度上提高了地基承载力,减小了地基沉降,但对泥炭土地基长期蠕变沉降的处置效果有限。同时,大量使用水泥等无机结合料会带来环境污染。鉴于此,本章以高含水率、大孔隙比、富含有机质的泥炭为研究对象,通过掺加无机结合料,运用 EICP 方法以及将二者相结合对泥炭进行固化处理,探究泥炭土地基处理技术。

8.1 无机结合料处置泥炭技术

利用水泥等无机结合料对各类土体进行固化是目前应用最广泛的一种方法。对于高含水率、高有机质含量的泥炭而言,无机结合料的固化效果及相应掺量仍需进一步研究。本节利用水泥、石膏、石灰、粉煤灰、NaOH 等无机结合料作为固化剂,进行泥炭的单掺及多掺固化试验,探究无机结合料加固高含水率、高有机质含量泥炭的加固效果。

8.1.1 试验材料

本节试验用泥炭取自云南大理西湖地区,其物理化学性质参数见表 8-1。

表 8-1 大理西湖泥炭物理化学性质参数

取土地点	测试编号	含水率/%	pH	有机质含量/%	纤维含量/%
大理西湖	1	350.00	4.26	65.12	27.28
	2	478.67	4.32	66.15	30.04
	3	395.20	4.27	65.22	32.19
	4	378.06	4.35	69.15	31.36
	5	450.20	4.35	68.87	29.00
	6	502.12	4.52	72.59	31.58

由表 8-1 可知,原状土样含水率差异较大,制样前将土样含水率统一调配至 400%～450%区间内。各组试样有机质含量相近,最大与最小值差值在 8%以内。试验采用 42.5 普通硅酸盐水泥作为主要的胶凝材料,水泥相关参数见表 8-2。

表 8-2 水泥参数汇总

检测项目	比表面积 /(m² · kg⁻¹)	初凝时间 /min	终凝时间 /min	安定性	烧失量 /%	3 d 抗折强度 /MPa	3 d 抗压强度 /MPa
国家标准	≥300	≥45	≤600	合格	≤5.0	≥3.5	≥17.0
实测值	358	172	234	合格	4	5.5	27.2

其他外添固化剂为

(1)生石膏:高强模型石膏粉,呈白色细粉状,可作为普通硅酸盐水泥的缓凝剂;

(2)石灰粉:高纯度生石灰粉,主要成分为碳酸钙,呈白色粉末状;

(3)粉煤灰:一级粉煤灰,水泥色粉状;

(4)NaOH:配制为溶液,质量分数为 1 mol/L;

(5)砂:普通河砂,剔除 2 mm 以上的大颗粒。

8.1.2 试样制备及养护

根据无机结合料稳定土无侧限抗压强度试验标准进行试验,搅拌好的混合土样分 3～4 层装入 ϕ50 mm×50 mm 的模具中,模具内壁提前涂抹机油,分层捣密、压实。泥炭土天然密度为 0.80～1.10 g/cm³,较一般软土低,所以将制样的密度控制为 1.42 g/cm³ 左右。通过制备 3～4 个平行样减少试样不均匀或破损导致的误差,脱模后的试样如图 8-1 所示。

图 8-1 制作完成的试样

脱模后的试样做好标记并放入标准养护箱内进行养护,养护温度控制在 20 ℃±2 ℃,养护湿度控制在 95%以上。养护龄期的最后一天将试样从养护箱中取出浸水,浸泡一昼夜。

8.1.3 试验方案

以水泥作为基础胶凝材料,根据固化剂与水泥作用的不同物理化学原理,分别掺加不同量的氢氧化钠、水泥、石膏、粉煤灰、石灰粉,与泥炭搅拌均匀并制作成标准试样后进行 7 d、14 d、28 d、60 d 的养护,考察不同方案固化后试样在不同龄期下的无侧限抗压强度,单掺试验方案见表 8-3。

表 8-3 单掺试验方案

组别	固化剂(掺量)
A	水泥(5%、10%、15%、20%)
B	水泥 15%+氢氧化钠(0%、0.5%、0.75%、1%)
C	水泥 15%+石膏(4%、6%、8%)
D	水泥 15%+石灰粉(6%、8%、10%)
E	水泥 15%+粉煤灰(10%、15%、20%)

以均匀设计法作为试验方法,同样用无侧限抗压强度作为评价指标,考察各种因素组合进行均匀设计试验后,设计的多掺试验方案见表 8-4。

表 8-4 多掺试验方案一   %

组别	水泥	氢氧化钠	石膏	石灰	粉煤灰
D_{11}	15	0.5	5	7.6	20
D_{12}	15	0.7	9	6.8	16
D_{13}	15	0.9	6	6.0	12

注:表中数值为各固化剂质量在试样总质量中所占百分比数值。

在多掺试验方案一的基础上,尝试掺加 20%的砂。为避免固化剂掺量过高,在多掺方案一的基础上对辅助固化剂乘以 0.8,具体掺量见表 8-5。

表 8-5 多掺试验方案二   %

组别	砂	水泥	氢氧化钠	石膏	石灰	粉煤灰
D_{21}	20	15	0.40	4.0	6.1	16.0
D_{22}	20	15	0.48	5.6	8.0	14.4
D_{23}	20	15	0.56	7.2	5.4	12.8
D_{24}	20	15	0.64	3.2	7.4	11.2
D_{25}	20	15	0.72	4.8	4.8	9.6
D_{26}	20	15	0.80	6.4	6.7	8.0

8.1.4 试验结果分析

1. 单掺试验结果分析

(1) 水泥掺量的影响

不同水泥掺量、养护龄期时固化泥炭的无侧限抗压强度测试结果如图 8-2 所示。

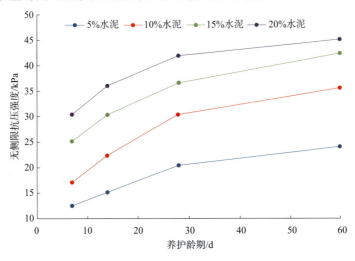

图 8-2 不同水泥掺量、养护龄期时固化泥炭的无侧限抗压强度

从图 8-2 中可以看出,随着水泥掺量的不断增加,泥炭试样的无侧限抗压强度始终保持上升趋势。水泥掺量为 5%、10%、15%、20% 时,泥炭试样 60 d 龄期时的无侧限抗压强度分别为 24 kPa、35.66 kPa、42.39 kPa 和 45.06 kPa。相比于水泥掺量为 5%,当水泥掺量增加为 10%、15%、20% 时,其无侧限抗压强度分别增加了 48.53%、76.63%、和 87.75%。当水泥掺量由 15% 增加至 20% 时,无侧限抗压强度提升幅度明显下降。此外,前 28 d 试样无侧限抗压强度增长较快,28 d 龄期时的无侧限抗压强度能占到 60 d 时的 84.79%~93.32%,而 28 d 到 60 d 的强度增长速率变缓。因此,综合考虑无侧限抗压强度、养护龄期、成本控制以及环境保护等因素,后续试验均采用水泥掺量 15% 的基准配比。

(2) 氢氧化钠的影响

在掺加 15% 水泥的基础上,不同氢氧化钠掺量、养护龄期时固化泥炭的无侧限抗压强度测试结果如图 8-3 所示。

从图 8-3 中可以看出,氢氧化钠掺量在 0.5% 及 0.75% 时,泥炭试样的无侧限抗压强度较高,60 d 强度最高为 52.64 kPa。另外,当氢氧化钠掺量达到 1% 时,无侧限抗压强度不仅没有随着掺量的增加而上升,反而低于 0.5% 以及 0.75% 两种掺量水平,可能是氢氧化钠掺量过高,抑制了水泥的水化过程,从而固化效果反而下降。因而,在后续的掺量选择上,氢氧化钠适宜掺量控制为 0.5%。

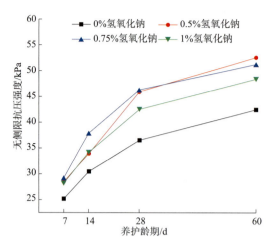

图 8-3　不同氢氧化钠掺量、养护龄期时固化泥炭的无侧限抗压强度

从各阶段强度增长线的斜率可以发现,与未掺加氢氧化钠的泥炭试样相比,掺加氢氧化钠的泥炭试样 7～28 d 的强度增长率更快,而 28 d 以后的强度增长率几乎持平,这表明 15％的水泥掺量条件下,适量氢氧化钠的掺入可以在固化的前中期促进水泥水化,使得固化效果提升,而后期的固化作用不明显。

（3）石膏的影响

在掺加 15％水泥的基础上,不同石膏掺量、养护龄期时固化泥炭的无侧限抗压强度如图 8-4 所示。

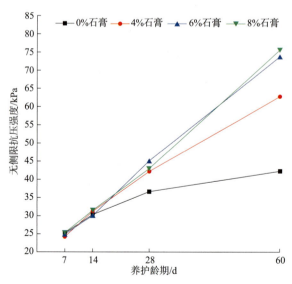

图 8-4　不同石膏掺量、养护龄期时固化泥炭的无侧限抗压强度

从图 8-4 可以看出,掺入石膏对水泥加固泥炭初期(14 d 内)的无侧限抗压强度几乎无影响,到 14 d 龄期后,掺入石膏使其无侧限抗压强度逐渐提升,且随着龄期的增长,无侧限抗压

强度的增加值更显著,即用水泥加固泥炭时加入适量的石膏有助于提高后期的无侧限抗压强度。另外,在水泥加固泥炭中存在最佳的石膏掺量。针对大理西湖泥炭,其最佳石膏掺量为6%,60 d 龄期时其无侧限抗压强度值为 73.99 kPa,相比未掺加石膏时增加了 74.5%。

(4)石灰的影响

在掺加 15% 水泥的基础上,不同石灰掺量、养护龄期时固化泥炭的无侧限抗压强度如图 8-5 所示。

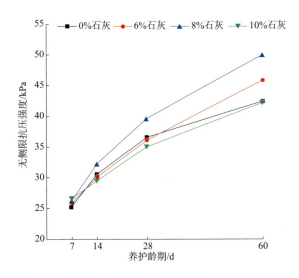

图 8-5　不同石灰掺量、养护龄期时固化泥炭的无侧限抗压强度

从图 8-5 可以看出,掺入石灰对水泥加固泥炭的无侧限抗压强度提升不明显。60 d 龄期时的试样,石灰掺量为 8%(最佳掺量)的无侧限抗压强度值为 49.99 kPa,相比于未掺加石灰时的 42.39 kPa,无侧限抗压强度增长率仅为 17.9%。因此,采用水泥与石灰相搭配的试验方案对泥炭固化效果并不理想。

(5)粉煤灰的影响

在掺加 15% 水泥的基础上,不同粉煤灰掺量、养护龄期时固化泥炭的无侧限抗压强度如图 8-6 所示。

从图 8-6 可以看出,掺入适量的粉煤灰能够提高固化效果。在最佳粉煤灰掺量 15% 时,水泥固化泥炭试样 60 d 龄期时的无侧限抗压强度为 55.64 kPa。相比于未掺加粉煤灰时强度增长率为 31.2%。此外,粉煤灰的掺入有助于提升水泥固化泥炭的中期(14 d)强度。在 14 d 龄期时,掺加 15% 粉煤灰时的无侧限抗压强度值为 43.45 kPa,相比于未掺加粉煤灰时的 30.45 kPa,强度增长率为 42.69%。

(6)辅助固化剂固化效果比较

将前述(2)～(5)组试验方案中,固化效果最优(以 60 d 无侧限抗压强度值为依据)的方案进行组合比较,分析不同的辅助固化剂对固化效果的影响。

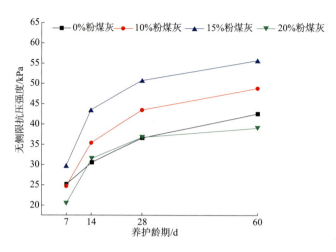

图 8-6　不同粉煤灰掺量、养护龄期时固化泥炭的无侧限抗压强度

不同辅助固化剂、养护龄期时固化泥炭的无侧限抗压强度如图 8-7 所示,无侧限抗压强度日均增长量见表 8-6。

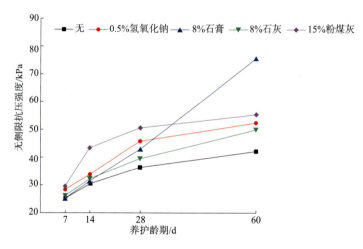

图 8-7　不同辅助固化剂、养护龄期时固化泥炭的无侧限抗压强度

表 8-6　不同辅助固化剂、养护龄期时固化泥炭的无侧限抗压强度日均增长量

水泥掺量/%	辅助固化剂及掺量	无侧限抗压强度日均增长量/(kPa·d^{-1})			
		0~7 d	7~14 d	14~28 d	28~60 d
15	无	3.60	0.75	0.87	0.84
15	0.5%氢氧化钠	4.07	0.79	1.71	0.96
15	8%石膏	3.64	0.89	1.63	4.67
15	8%石灰	3.76	0.85	1.06	1.48
15	15%粉煤灰	4.24	1.97	1.03	0.71

从图 8-7 和表 8-6 可以看出,对于 60 d 养护龄期的无侧限抗压强度,石膏的固化效果最好,无侧限抗压强度相比单掺水泥时提高约 78.74%;石灰的固化效果最差,无侧限抗压强度仅提升了 17.93%。其次,粉煤灰前期的固化效果优势明显,石膏后期固化效果更加显著。

从无侧限抗压强度日均增长量来看,掺入粉煤灰和氢氧化钠作为辅助剂的 0~7 d 的增长量最大,大约保持在 4 kPa/d 左右,所有辅助剂掺加试样的 7~28 d 的增长量均有所降低,不超过 2 kPa/d。28~60 d 的增长量除了石膏高速增长,其余都维持在 1 kPa/d 左右。

因此,在水泥固化泥炭中掺入适量的粉煤灰有助于提升 28 d 前的无侧限抗压强度,掺入适量石膏有助于提升后期(60 d)的无侧限抗压强度。掺入氢氧化钠、石灰虽然可以使无侧限抗压强度有一定的增加,但效果不显著。

2. 多掺试验结果分析

(1)多掺试验方案一

多掺试验方案一固化泥炭的无侧限抗压强度见表 8-7 和图 8-8,无侧限抗压强度日均增长量见表 8-8。

表 8-7 多掺试验方案一固化泥炭的无侧限抗压强度

组别	掺量/%					无侧限抗压强度/kPa			
	水泥	氢氧化钠	石膏	石灰	粉煤灰	7 d	14 d	28 d	60 d
D_{11}	15	0.5	5	7.6	20	35.49	50.61	73.91	121.43
D_{12}	15	0.7	9	6.8	16	41.12	60.00	87.37	131.06
D_{13}	15	0.9	6	6.0	12	33.24	46.20	58.84	96.37

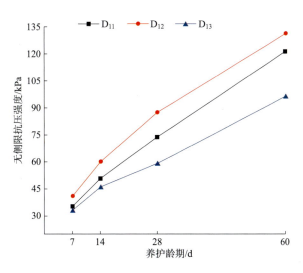

图 8-8 多掺试验方案一固化泥炭的无侧限抗压强度

表 8-8　多掺试验方案一的无侧限抗压强度日均强度增长量

组别	掺量/%					日均强度增长量/(kPa·d^{-1})		
	水泥	氢氧化钠	石膏	石灰	粉煤灰	7～14 d	14～28 d	28～60 d
D_{11}	15	0.5	5	7.6	20	2.16	1.66	1.49
D_{12}	15	0.7	9	6.8	16	2.70	1.96	1.37
D_{13}	15	0.9	6	6.0	12	1.85	0.90	1.18

由表 8-7、表 8-8 和图 8-8 中的 60 d 无侧限抗压强度的测试结果来看，与单掺试验方案相比，多掺试验方案的固化强度提升更为明显，与单掺 15% 水泥试验方案相比，多掺试验组 60 d 强度最高提高了约 3 倍。

从强度的日均增长量来看，除 D_{13} 的 28～60 d 强度增长相比于 14～28 d 略有提升之外，其余情况下相邻两段养护时间强度增长呈现逐渐递减趋势，这与单掺试验方案中反应速率随时间增长而逐渐降低的规律是一致的。

(2)多掺试验方案二

多掺试验方案二固化泥炭的无侧限抗压强度见表 8-9 和图 8-9，无侧限抗压强度日均增长量见表 8-10。

表 8-9　多掺试验方案二固化泥炭的无侧限抗压强度

组别	掺量/%						无侧限抗压强度/kPa			
	砂	水泥	氢氧化钠	石膏	石灰	粉煤灰	7 d	14 d	28 d	60 d
D_{21}	20	15	0.40	4.0	6.1	16.0	80.41	102.98	156.03	183.56
D_{22}	20	15	0.48	5.6	8.0	14.4	50.45	61.55	112.92	149.76
D_{23}	20	15	0.56	7.2	5.4	12.8	56.69	68.82	105.02	144.06
D_{24}	20	15	0.64	3.2	7.4	11.2	48.51	58.88	72.46	102.46
D_{25}	20	15	0.72	4.8	4.8	9.6	45.10	59.54	78.88	107.68
D_{26}	20	15	0.80	6.4	6.7	8.0	45.89	59.24	87.64	123.04

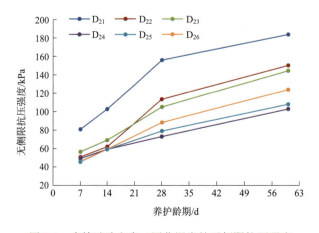

图 8-9　多掺试验方案二固化泥炭的无侧限抗压强度

表 8-10 多掺试验方案二的无侧限抗压强度日均强度增长量

组别	掺量/%						日均强度增长量/(kPa·d^{-1})		
	砂	水泥	氢氧化钠	石膏	石灰	粉煤灰	7~14 d	14~28 d	28~60 d
D_{21}	20	15	0.40	4.0	6.1	16.0	3.22	3.79	0.86
D_{22}	20	15	0.48	5.6	8.0	14.4	1.59	3.67	1.15
D_{23}	20	15	0.56	7.2	5.4	12.8	1.73	2.59	1.22
D_{24}	20	15	0.64	3.2	7.4	11.2	1.48	0.97	0.94
D_{25}	20	15	0.72	4.8	4.8	9.6	2.06	1.38	0.90
D_{26}	20	15	0.80	6.4	6.7	8.0	1.91	3.46	1.11

从表 8-9、表 8-10 及图 8-9 可以看出，14~28 d 无侧限抗压强度增长总体最快，28~60 d 强度增长最慢。与多掺试验方案一相比，14~28 d 的总体的日均强度增长量提升明显。另外掺入 20% 砂土以后，泥炭 7 d 无侧限抗压强度值都有所提高，D_{21} 组提高显著，分组别 28~60 d 日均强度增长量均保持在 1 kPa/d 左右，这与多掺试验方案一中的结果相近。究其原因可能是由于砂土的掺加发挥了填充孔隙的作用，促进了前期无侧限抗压强度的提升，但是中后期主要依靠固化反应实现强度的增长。

8.2 EICP 法处置泥炭技术

脲酶诱导碳酸钙沉淀 EICP(enzyme induced calcite carbonate precipitation, EICP)是一种生物诱导矿化作用，利用脲酶催化尿素水解释放出氨和二氧化碳，借助外加的钙离子源，在酶化反应的过程中诱导大量的碳酸钙沉积(化学反应式见式 8-1、式 8-2)。当碳酸钙晶体填充于岩土基质孔隙中，可以提高土体的强度，改善孔隙结构特征，增强土体强度。随着 EICP 过程的进行，游离脲酶的活性迅速降低，且吸附于土颗粒的脲酶在完成矿化作用后会被自然降解而不会对环境造成长期的影响。

$$CO(NH_2)_2 + 2H_2O \xrightleftharpoons{\text{脲酶}} 2NH_4^+ + CO_3^{2-} \tag{8-1}$$

$$Ca^{2+} + CO_3^{2-} \Longrightarrow CaCO_3 \downarrow \tag{8-2}$$

脲酶广泛存在于植物种子(大豆、洋刀豆)、藜草、桑叶以及动物血液和尿液中。虽然微生物也可以产生脲酶，但是微生物的活性受很多因素影响，如 pH、盐度、温度及营养物质等，对环境要求较为苛刻。此外，微生物还需要前期进行培养和保存等一系列准备工作，步骤烦琐。因此，为提高试验效率，选择使用事先提取好的脲酶来进行尿素水解固化泥炭。

本节采用 EICP 方法进行泥炭固化研究，分析养护龄期、脲酶掺量、尿素及氯化钙掺量、养护条件等因素对脲酶固化土壤效果的影响，探讨使用 EICP 固化泥炭的可行性。

8.2.1 试验材料

试验所用泥炭取自大理大涧口地区,物理化学性质见表 8-11。制样前对土样含水率进行调配,将不同含水率土样按一定质量比例混合,混合后土样含水率在 400%～450% 区间内。

表 8-11 泥炭物理化学性质参数

取土地点	测试编号	含水率/%	pH	有机质含量/%	纤维含量/%
大理大涧口	1	387.22	4.33	72.82	25.32
	2	410.08	4.43	76.60	27.11
	3	434.64	4.40	77.12	27.90
	4	390.42	4.41	74.34	26.66
	5	400.56	4.38	77.40	27.45
	6	430.01	4.38	73.33	27.02
	7	400.90	4.40	79.02	27.18
	8	392.35	4.37	80.42	26.99

使用提取自杰克豆的脲酶,为白色结晶粉末,活性 1 000～2 000 u/g,生产厂家为西格玛奥德里奇(上海)贸易有限公司。试验中作为胶结材料所用的尿素密度为 1.320～1.340 g/cm³,为白色结晶。所用的无水氯化钙为白色粉末状固体。

(a) 脲酶

(b) 尿素

(c) 氯化钙

图 8-10 试验材料

8.2.2 试样制备及养护

已有试验研究中,EICP 多以溶液方式加入,有助于提高脲酶与胶结液(尿素与氯化钙的混合溶液)在试样内分布的均匀性,但同时会提高试样的含水率。考虑到试验所用泥炭本身含水率已经高达 400%,如果继续以溶液方式加入会使得试样内部水分进一步升高,不利于制样及后期的强度提升,所以试验过程中,脲酶、尿素与氯化钙均以固体方式加入泥炭试样中,并进行充分搅拌。

尿素、氯化钙加入泥炭中拌和时存在明显地放热效应,并且随着尿素及氯化钙掺量的增加,放热量显著增大,为避免温度改变对脲酶活性带来不同程度的影响,在尿素和氯化钙拌和产生的热量明显散失后(约 1 min),再加入脲酶进行拌和,拌和时间控制在 5 min 左右。

将搅拌好的混合土样分 3～4 层装入 $\phi 50 \times 50$ mm 的内壁涂抹机油的模具中,并分层捣实。制样过程中,密度控制为约 1.42 g/cm³。同时为避免试样有破碎或不均匀,每组制备 3～4 个平行试样。脱模后的试样如图 8-11 所示。

 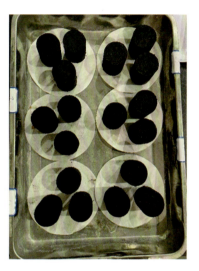

图 8-11 制作完成的试样

经过试验发现,脱模后的试样在室内(温度为 20 ℃±2 ℃,湿度为 45%～55%)放置 3 d,有助于脲酶诱导碳酸钙沉淀的发生。因此,最后将室内放置 3 d 后的试样做好标记,然后放入标准养护箱(温度为 20 ℃±2 ℃,湿度为≥95%)内进行养护,养护龄期最后 1 d 浸水一昼夜。

8.2.3 试验方案

现有研究表明,利用脲酶诱导碳酸钙沉淀固化土壤的方法主要应用于砂土及粉土,用于固化高含水率、高有机质含量的泥炭土的研究几乎未见报道。鉴于此,本节中的试验方案主要从试验条件和固化剂适宜掺量两个方面进行研究。

1. 养护条件的影响

养护条件主要考虑养护龄期和养护湿度的影响。室温养护时的温度为 20 ℃±2 ℃,湿度为 45%～55%,养护箱温度设置为 20 ℃±2 ℃,湿度≥95%。研究过程中将尿素与氯化钙物质的量的比例控制在 1∶1,试验方案见表 8-12、表 8-13。

表 8-12 养护环境试验方案

脲酶/%	尿素/%	氯化钙/%	养护环境	养护龄期/d
0.14	3.43	6.29	室温	9
			养护箱	9
			室温+养护箱	1+8
			室温+养护箱	3+6

注：掺量百分比为各材料质量占试样总质量的比值。

表 8-13 养护龄期试验方案

脲酶/%	尿素/%	氯化钙/%	养护条件	养护龄期/d
0.14	3.43	6.29	室温+养护箱相结合	3+4、3+6、3+8、3+10、3+12

2. 固化剂掺量的影响

固化剂的掺量主要考虑脲酶掺量、尿素与氯化钙的掺量及比例的影响。

为考察脲酶掺量对试样无侧限抗压强度的影响，选取了两组尿素、氯化钙水平（物质的量均控制为 1∶1）进行试验。根据前期试验发现，脲酶的掺量超过 0.21% 以后，强度提升并不大，因此脲酶最大掺量控制在 0.21%。养护条件、养护龄期选择前述试验确定的最佳试验条件，具体试验方案见表 8-14。

表 8-14 脲酶掺量试验方案

脲酶/%	尿素/%	氯化钙/%	养护条件及龄期
0.07	3.43	6.29	室温 3 d+养护箱 6 d
0.14	3.43	6.29	
0.21	3.43	6.29	
0.14	5.14	9.43	
0.21	5.14	9.43	
0.29	5.14	9.43	

为考察尿素及氯化钙掺量对试样无侧限抗压强度的影响，将掺量比例控制为 1∶1，选取了三组不同脲酶掺量水平，每组对应 3~4 个尿素及氯化钙掺量进行试验，试验方案见表 8-15。

表 8-15 尿素及氯化钙掺量试验方案

脲酶/%	尿素/%	氯化钙/%	养护条件及龄期
0.07	1.71	3.14	室温 3 d+养护箱 6 d
	2.57	4.71	
	3.43	6.29	
	5.14	9.43	

续上表

脲酶/%	尿素/%	氯化钙/%	养护条件及龄期
0.14	1.71	3.14	室温 3 d+养护箱 6 d
	2.57	4.71	
	3.43	6.29	
	5.14	9.43	
0.21	3.43	6.29	
	5.14	9.43	
	6.86	12.57	

为考察尿素与氯化钙不同掺量比例对强度的影响,选取了两组不同脲酶掺量水平,尿素与氯化钙的比例控制为1∶1、1∶1.5、1∶2、2∶1进行试验,具体试验方案见表8-16。

表 8-16 尿素与氯化钙掺量比例的试验方案

脲酶/%	尿素/%	氯化钙/%	尿素∶氯化钙	养护条件及龄期
0.14	1.71	3.14	1∶1	室温 3 d+养护箱 6 d
	1.71	6.29	1∶2	
	3.43	3.14	2∶1	
	3.43	6.29	1∶1	
	5.14	9.43	1∶1	
	5.14	14.14	1∶1.5	
	10.29	9.43	2∶1	
0.21	3.43	6.29	1∶1	
	3.43	12.57	1∶2	
	5.14	9.43	1∶1	
	5.14	14.14	1∶1.5	
	6.86	6.29	2∶1	
	6.86	12.57	1∶1	
	10.29	9.43	2∶1	

8.2.4 试验结果分析

1. 养护条件的影响

养护环境、养护龄期对固化泥炭无侧限抗压强度的影响如图 8-12 所示。从图 8-12 中可以看出,脱模后的试样含水率较高,若立即放入养护箱内进行养护,则整个养护过程中试样内的水分无法消散,最后试样的强度提升较小如图 8-12(a)所示,试样内部及外表面未见明显的碳酸钙生成,主要原因可能是试样中的孔隙被水填充,脲酶诱导过程不能充分进行,生成的碳酸钙十分有限,试样强度提升不显著。因此,在后续的试验中,将试样在室内放置不同时长,使其散失一部分水分,再将其放入养护箱中养护。室内放置龄期的标准为试样本身由于失水允许有一定程度的干缩,但是不能存在凹陷及明显的不均匀变形。

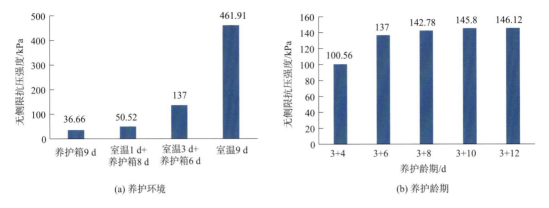

图 8-12　养护条件对固化泥炭无侧限抗压强度的影响

从图 8-12(a)可以看出,随着室温下养护时间的延长,试样的无侧限抗压强度逐渐上升。在养护箱中进行 9 d 养护和室温 1 d＋养护箱中 8 d 养护这两种养护环境下的强度值较为接近。当室温下的养护时间延长至 3 d 时,相比于 1 d 的常温养护时间,强度提升了 171.18%,达到了 137 kPa。室温下对试样进行 9 d 养护的无侧限抗压强度远高于其他养护条件下的无侧限抗压强度,但是此时试样的干缩变形十分严重。综合考虑无侧限抗压强度及干缩变形情况,推荐在室温下养护 3 d 后将试样放入养护箱中恒温恒湿养护。

从图 8-12(b)可以看出,在室温环境下养护 3 d 后,固化泥炭的无侧限抗压强度随着在养护箱中养护龄期的增长而增加,养护 12 d 时达到最高强度 146.12 kPa。从强度增长趋势来看,在养护箱中养护 6 d 后强度增速明显减缓,由养护 6 d 时的 137 kPa 增长到养护 12 d 时的 146.12 kPa,强度只增长了约 6.66%。由于养护箱养护 6 d 后强度已经达到了最高强度的 93.96%,再延长养护龄期强度提升有限,因此最终推荐的养护条件为室温(温度为 20±2 ℃,湿度为 45%～55%)养护 3 d＋养护箱养护 6 d(温度为 20±2 ℃,湿度为≥95%)。后续试验均按照该条件进行养护。

2. 固化剂掺量的影响

(1)脲酶掺量的影响

不同脲酶掺量时固化泥炭的无侧限抗压强度如图 8-13 所示。

从图 8-13 可以看出,对于 3.43%尿素＋6.29%氯化钙的组合,随着脲酶掺量由 0.07%增加到 0.21%,无侧限抗压强度呈逐渐上升趋势。脲酶掺量由 0.07%增加到 0.14%,强度增长了约 29.25%,增速较快。脲酶掺量由 0.14%增加到 0.21%,强度只增长了 3.20%,增速比较缓慢。因此,在 3.43%尿素＋6.29%氯化钙的水平下,0.07%的脲酶掺量是不充足的,0.14%的掺量比较适宜,而 0.21%的掺量明显过量,无法充分发挥其作用。

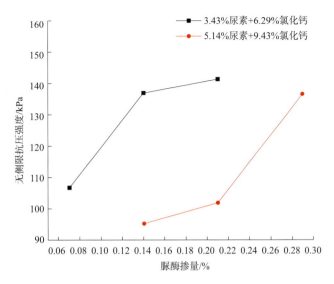

图 8-13　不同脲酶掺量时固化泥炭的无侧限抗压强度

对于 5.14%尿素＋9.43%氯化钙的组合,随着脲酶掺量由 0.14%增加至 0.29%,无侧限抗压强度呈上升趋势。脲酶掺量由 0.14%增加到 0.21%时,强度增长了约 6.88%。脲酶掺量由 0.21%增加到 0.29%时,强度增长了约 33.98%,增速是前一段增速的 5 倍左右。

对比两种尿素和氯化钙掺量水平下的无侧限抗压强度可知,第二个掺量水平虽然增加了尿素和氯化钙掺量,但试样的强度比低掺量试验组更低,其原因可能是在脲酶掺量固定的条件下,适当增加胶结液含量,可以增加碳酸钙沉淀量,当胶结液含量超过最佳含量时,脲酶的作用会受到抑制,其催化水解尿素的能力减弱,使得碳酸钙产率减小,无侧限抗压强度下降。当提高脲酶掺量达到 0.29%时,胶结液的最佳含量随之上升,因此在后续的养护反应过程中,能够提高碳酸钙的生成量,强度随之升高。

因此,在考虑脲酶掺量对固化泥炭无侧限抗压强度的影响时,虽然提升脲酶掺量确实能够提高试样强度,但是必须注意脲酶、尿素及氯化钙的比例。

(2) 尿素及氯化钙掺量的影响

保持尿素及氯化钙的掺量比例为 1∶1,改变其掺加量,固化泥炭的无侧限抗压强度如图 8-14 所示。

从图 8-14 可以看出:脲酶掺量固定为 0.07%时,无侧限抗压强度会随着尿素及氯化钙掺量的增加而下降,虽然 1.71%尿素＋3.14%氯化钙组合下的无侧限抗压强度较高,但常温下 3 d 养护之后,其干缩变形较其他掺量试样更加严重,试样整体干缩开裂比较明显,如图 8-15 所示,因此不对其进行对比。对另外三组掺量水平进行比较,无侧限抗压强度最高值 100.25 kPa,比最低值 81.15 kPa 高出约 23.54%,所以对于脲酶掺量为 0.07%时,2.57%的尿素＋4.71%的氯化钙更利于提高泥炭土的强度,若尿素和氯化钙的掺量继续提高,则会对强度的增加产生抑制作用。

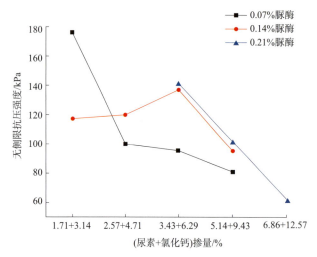

图 8-14　尿素及氯化钙掺量对固化泥炭无侧限抗压强度的影响

图 8-15　0.07%脲酶＋1.71%尿素＋3.14%氯化钙方案养护后的试样

脲酶掺量为 0.14% 时，随着尿素及氯化钙掺量的增加，试样的无侧限抗压强度呈现先增加后减少的趋势，掺加 3.43% 的尿素＋6.29% 的氯化钙时强度最高，这说明对于本文试验用的泥炭，该掺量最适宜。

脲酶掺量为 0.21% 时，随着尿素及氯化钙掺量的增加，无侧限抗压强度基本呈线性递减趋势。掺入 3.43% 的尿素＋6.29% 的氯化钙时的无侧限抗压强度是 6.86% 尿素＋12.57% 氯化钙掺量下的 2 倍，进一步说明过多的尿素及氯化钙的引入，不利于碳酸钙的生成。

综合比较这三种脲酶掺量下的无侧限抗压强度值可知，掺加 3.43% 尿素＋6.29% 氯化钙时的无侧限抗压强度值较高。在此方案下，当脲酶掺量从 0.07% 增加为 0.14% 和 0.21% 时，其无侧限抗压强度从 95.39 kPa 增加为 137 kPa 和 141.38 kPa，分别增加了 43.62% 和 48.21%。因此，对本节试验所用泥炭，固化剂的最佳掺量为 0.14% 脲酶＋3.43% 尿素＋6.29% 氯化钙。

(3) 尿素与氯化钙掺量比例的影响

尿素与氯化钙掺量比例不同时固化泥炭的无侧限抗压强度如图 8-16 所示。

从图 8-16 可以看出，脲酶掺量为 0.14% 和 0.21% 时，无侧限抗压强度最高值对应的尿素和氯化钙掺量比例均为 1∶1，尿素和氯化钙的掺量均为 3.43%、6.29%，但将脲酶掺量从 0.14% 增大为 0.21% 时，无侧限抗压强度值从 137 kPa 增大为 141.38 kPa，增量仅为 3.2%。在给定的脲酶掺量下，调整尿素与氯化钙的掺加比例，均使无侧限抗压强度降低，因此，固化泥炭时，尿素和氯化钙的配比宜为 1∶1。

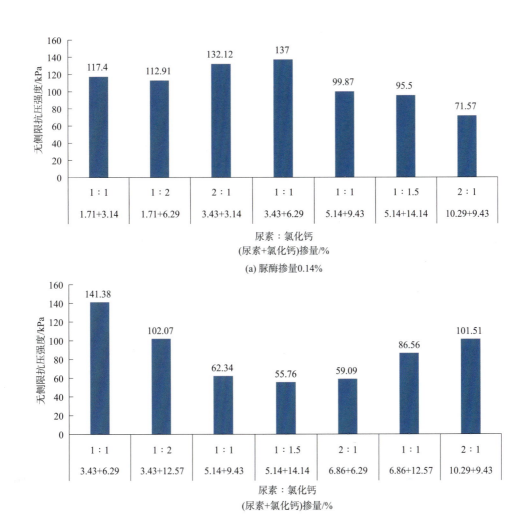

图 8-16 尿素与氯化钙掺量比例不同时固化泥炭的无侧限抗压强度

(4) 碳酸钙沉淀率

碳酸钙生成量是衡量脲酶固化反应的进行程度的指标,所以,使用碳酸钙沉淀率(即养护后生成的碳酸钙在整个试样中所占比重)来推测养护期内脲酶固化反应的速率及进行程度,反应方程式为

$$CaCO_3 + 2HCl = CaCl_2 + H_2O + CO_2 \uparrow \tag{8-3}$$

根据公式(8-3),碳酸钙与盐酸反应会生成二氧化碳气体,二氧化碳的生成量与碳酸钙的减少量满足摩尔比 1:1,即可通过测定逸出的二氧化碳质量来推算出原体系碳酸钙的质量,而二氧化碳的逸出量则可通过称量整个体系反应前后的质量变化来得到,通过换算就可以得到试样中生成的碳酸钙的质量,并进一步计算出碳酸钙的沉淀率。

碳酸钙沉淀率测定过程如图 8-17 所示,试验方案中无侧限抗压强度较高的几组试样的碳酸钙沉淀率测定结果如图 8-18 所示。

图 8-17　碳酸钙沉淀率测定

图 8-18　碳酸钙沉淀率

从图 8-18 中可以看出,碳酸钙沉淀率与无侧限抗压强度有很好的一致性,即无侧限抗压强度越高,相应的碳酸钙沉淀率也越高,进一步证明了用 EICP 方法固化土体的机理。

8.3　EICP 联合无机结合料综合处置泥炭技术

前述试验研究发现,单一的无机结合料或脲酶诱导碳酸钙沉淀技术虽然能够使泥炭的无侧限抗压强度得到一定的提升,但是二者联合使用的处置效果仍有待研究。同时,在土中掺加过多无机结合料会对环境造成污染。本节通过减少无机结合料的掺量，用适量的脲酶进行替换，探索无机结合料与 EICP 联合固化泥炭的试验效果。

8.3.1 试样的制备及养护

本节试验仍然采用大理大涧口泥炭，制样前对含水率进行调配，将不同含水率土样按一定质量比例混合，最终混合后土样含水率约为 400%～450%。所用各类无机结合料、脲酶、尿素、氯化钙、砂土等材料与前文所用材料完全相同。

制样前先将称量好的尿素、氯化钙加入泥炭中搅拌均匀，放置 1 min 后将脲酶放入土中拌和均匀，最后将水泥及其他无机结合料固化剂分批次拌入土体中，试样尺寸及制样过程同前节。将试样在室内放置 3 d，蒸发部分水分后，放入养护箱中养护。最后将试块放入标准养护箱（温度为 20 ℃±2 ℃，湿度为≥95%）内进行养护，养护龄期最后 1 d 浸水一昼夜。

8.3.2 试验方案

在 8.2 节 EICP 方法最佳掺加方案为 0.14%脲酶＋3.43%尿素＋6.29%氯化钙的基础上，掺加少量的水泥，设置有无掺加砂土的对照组，分别研究 EICP 联合水泥，EICP 联合水泥、石膏，EICP 联合水泥、粉煤灰及 EICP 联合无机结合料多掺方案时固化泥炭的效果，具体掺加方案见表 8-17～表 8-20。

表 8-17　EICP 联合水泥固化泥炭掺加方案

组别	水泥/%	砂/%	脲酶/%	尿素/%	氯化钙/%
A1	10	0	0.14	3.43	6.29
A2	7	0			
A3	4	0			
B1	10	10			
B2	7	10			
B3	4	10			

表 8-18　EICP 联合水泥、石膏固化泥炭掺加方案

组别	水泥/%	石膏/%	砂/%	脲酶/%	尿素/%	氯化钙/%
A4	10	5.33	0	0.14	3.43	6.29
A5	7	3.73	0			
A6	4	2.13	0			
B4	10	5.33	10			
B5	7	3.73	10			
B6	4	2.13	10			

表 8-19　EICP 联合水泥、粉煤灰固化泥炭掺加方案

组别	水泥/%	粉煤灰/%	砂/%	脲酶/%	尿素/%	氯化钙/%
A7	10	13.33	0			
A8	7	9.33	0			
A9	4	5.33	0	0.14	3.43	6.29
B7	10	13.33	10			
B8	7	9.33	10			
B9	4	5.33	10			

表 8-20　EICP 联合无机结合料多掺固化泥炭试验方案

组别	水泥/%	砂/%	氢氧化钠/%	石膏/%	石灰/%	粉煤灰/%	脲酶/%	尿素/%	氯化钙/%
A10	10	0	0.467	6.00	4.53	10.67			
A11	7	0	0.333	4.20	3.20	7.47			
A12	4	0	0.200	2.40	1.80	4.27	0.14	3.43	6.29
B10	10	13.33	0.200	2.13	3.27	8.53			
B11	7	9.33	0.133	1.47	2.27	6.00			
B12	4	5.71	0.067	0.87	1.33	3.40			

8.3.3　试验结果分析

1. 无侧限抗压强度

(1) EICP 联合水泥固化泥炭

EICP(0.14% 脲酶+3.43% 尿素+6.29% 氯化钙)联合水泥固化泥炭的无侧限抗压强度如图 8-19 所示。

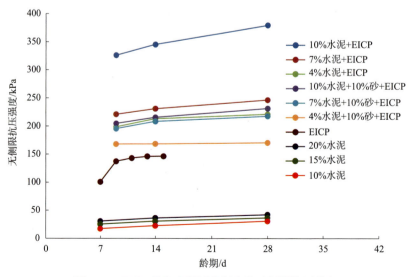

图 8-19　EICP 联合水泥固化泥炭的无侧限抗压强度

从图 8-19 可以看出，EICP 联合 10% 水泥固化泥炭的无侧限抗压强度远高于单独使用 EICP 或水泥固化泥炭的强度。EICP 联合 10% 水泥固化泥炭 28 d 无侧限抗压强度为 379.28 kPa，而单独使用 EICP 或 10% 水泥固化泥炭时的无侧限抗压强度分别为 146.12 kPa（15 d）和 30.42 kPa（28 d），联合后的无侧限抗压强度是分别单独使用时的 2.6 倍和 12.5 倍，其原因是在 EICP 固化泥炭时掺加一定量的水泥，不仅可以通过水泥水化反应提高试样强度，也可以为脲酶固化提供成核点位从而提高 EICP 的固化效果，提高试样的无侧限抗压强度。

单独使用水泥固化泥炭时，无侧限抗压强度随着水泥掺量的增加而增大，但总体偏小。水泥掺量从 10% 增加为 20% 时，28 d 的无侧限抗压强度从 30.42 kPa 增大为 42.05 kPa。

EICP 联合水泥固化泥炭的无侧限抗压强度随着水泥掺量的增加而增大。当水泥掺量从 4% 增加为 7%、10% 时，28 d 无侧限抗压强度从 221.1 kPa 增大为 246.24 kPa 和 379.28 kPa。水泥掺量为 10% 时的无侧限抗压强度比掺量 4% 时增长了 72%。

在 EICP 联合水泥固化泥炭的过程中掺入 10% 砂导致无侧限抗压强度减小，削弱了固化效果，其原因是砂的掺入置换了部分泥炭，虽然减少了软弱泥炭的含量，但是对于整个体系的反应而言，砂的掺入会降低土体的酸性，使土体的 PH 值升高。王恒星的研究表明，固化砂土时，EICP 溶液的最佳 PH 值为 4，此时可以有效缓解固化过程中碳酸钙的阻塞、封堵效应，确保最终碳酸钙的生成量充足，同时，试样内部的碳酸钙分布也更均匀。因此，在 EICP 联合水泥固化泥炭的过程中掺入 10% 砂会削弱固化效果。

（2）EICP 联合水泥、石膏固化泥炭

EICP（0.14% 脲酶＋3.43% 尿素＋6.29% 氯化钙）联合水泥、石膏固化泥炭的无侧限抗压强度如图 8-20 所示。

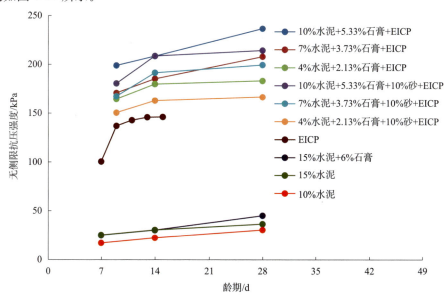

图 8-20　EICP 联合水泥、石膏固化泥炭无侧限抗压强度

从图 8-20 可以看出，EICP 联合水泥、石膏固化泥炭的无侧限抗压强度高于单独使用 EICP 或水泥、石膏固化泥炭的强度。EICP 联合 10％水泥、5.33％石膏固化泥炭 28 d 无侧限抗压强度为 236.6 kPa，而单独使用 EICP 或 15％水泥＋6％石膏固化泥炭时的无侧限抗压强度分别为 146.12 kPa(15 d)和 45.12 kPa(28 d)，联合后的无侧限抗压强度是分别单独使用时的 1.6 倍和 5.2 倍。

在 EICP 联合水泥、石膏固化泥炭的过程中再掺入 10％砂仍然削弱了固化效果。

(3) EICP 联合水泥、粉煤灰固化泥炭

EICP(0.14％脲酶＋3.43％尿素＋6.29％氯化钙)联合水泥、粉煤灰固化泥炭的无侧限抗压强度如图 8-21 所示。

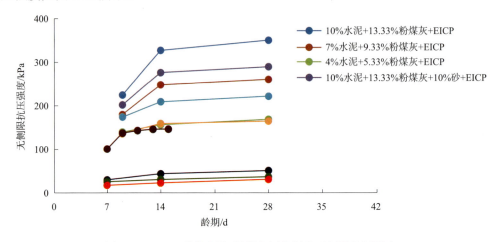

图 8-21　EICP 联合水泥、粉煤灰固化泥炭无侧限抗压强度

从图 8-21 可以看出，EICP 联合水泥、粉煤灰固化泥炭的无侧限抗压强度远高于单独使用 EICP 或水泥、粉煤灰固化泥炭的强度。EICP 联合 10％水泥、13.33％粉煤灰固化泥炭 28 d 无侧限抗压强度为 350.19 kPa，而单独使用 EICP 或 15％水泥＋15％粉煤灰固化泥炭的无侧限抗压强度分别为 146.12 kPa(15 d)和 50.67 kPa(28 d)，联合后的无侧限抗压强度是分别单独使用时的 2.4 倍和 6.9 倍。

在 EICP 联合水泥、粉煤灰固化泥炭的过程中再掺入 10％砂仍然削弱了固化效果。

(4) EICP 联合无机结合料多掺方案固化泥炭

EICP(0.14％脲酶＋3.43％尿素＋6.29％氯化钙)联合无机结合料多掺方案固化泥炭的无侧限抗压强度如图 8-22 所示。

从图 8-22 可以看出，EICP 联合无机结合料多掺固化泥炭的无侧限抗压强度高于单独使用 EICP 或无机结合料多掺固化泥炭的强度。EICP 联合无机结合料多掺(A10)固化泥炭 28 天无侧限抗压强度为 235.97 kPa，而单独使用 EICP 或无机结合料多掺固化泥炭的无侧限抗压强度分别为 146.12 kPa(15 d)和 131.06 kPa(D_{12},60 d)，联合后的无侧限抗压强度是分别单独使用时的 1.6 倍和 1.8 倍。D_{12} 多掺方案虽然可以显著提高固化泥炭的无侧

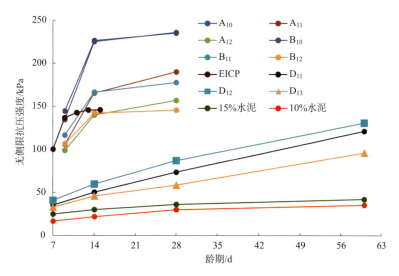

图 8-22　EICP 联合无机结合料多掺固化泥炭无侧限抗压强度

注：图中 A、B 组多掺方案见表 8-19，D 组多掺方案见表 8-4。

限抗压强度，且后期强度持续增大，其固化机理除了水泥、粉煤灰的化学反应使强度提高外，固化剂的置换作用也会带来强度的提高，D_{12} 方案中固化剂掺量高达 47.5%。

在 EICP 联合无机结合料多掺固化泥炭的过程中再掺入 10% 的砂基本不能增强固化效果。

(5) 基于不同固化剂的泥炭固化方案优化

为了更直观地看出 EICP 联合无机结合料固化泥炭的效果，将 EICP 联合水泥的试验结果与其余各组试验方案中无侧限抗压强度最高的试验结果进行对比，如图 8-23 所示。

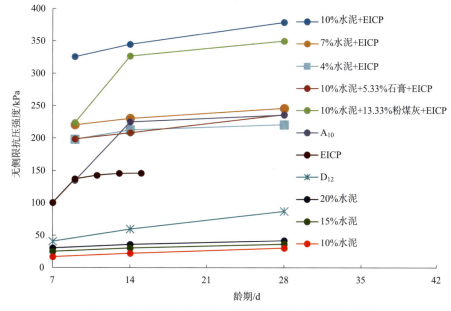

图 8-23　EICP 联合无机结合料不同方案的无侧限抗压强度

从图 8-22 可以看出，EICP 联合 10％水泥固化泥炭 28 d 无侧限抗压强度最高，为 379.28 kPa，减少水泥掺量或保持水泥掺量不变的情况下掺入一定量的石膏或粉煤灰后其无侧限抗压强度均降低。单独使用 EICP 或 10％水泥固化泥炭时的无侧限抗压强度分别为 146.12 kPa(15 d)和 30.42 kPa(28 d)。因此，根据无侧限抗压强度的要求，建议优先选择 EICP 固化泥炭或 EICP 联合水泥固化泥炭，不推荐单独使用无机结合料（比如，水泥、水泥＋石灰、水泥＋粉煤灰等）固化泥炭或 EICP 联合水泥固化泥炭时掺加石膏、粉煤灰等其他材料。

2. 碳酸钙沉淀率

EICP 联合无机结合料综合处置泥炭的碳酸钙沉淀率如图 8-24 所示。

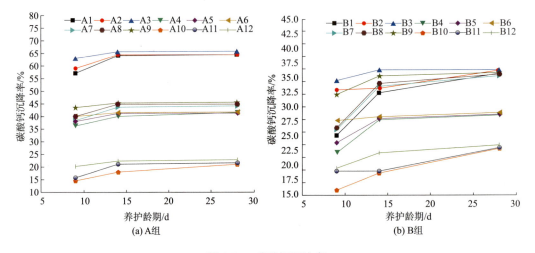

图 8-24 碳酸钙沉淀率

从图 8-22 可以看出，EICP 联合无机结合料综合处置泥炭时，若固化剂的配合比恰当，碳酸钙沉淀率远高于单独使用 EICP 处置泥炭时的值(19.25％)，比如 A1～A9、B1～B9 组。究其原因是掺加的无机结合料为脲酶诱导提供了成核点位，有助于将碳酸钙聚拢成型。

试样碳酸钙沉淀率增长主要发生在 0～9 d，之后随着养护龄期的延长，碳酸钙沉淀率增速变缓，尤其是 14～28 d 的沉淀率增长都保持在 2％以内，脲酶反应带来的强度增长也主要发生在 9 d 之前。因此，EICP 联合无机结合料综合处置泥炭时试样前期的强度增长主要来自脲酶固化，9 d 以后则主要依靠无机结合料的固化反应来实现强度增长。

A1～A9 组的碳酸钙沉淀率明显高于 B1～B9 组，尤其是 A1～A3 组的碳酸钙沉淀率几乎是同等条件下 B1～B3 组的两倍，28 d 沉淀率最高可达 66.06％。由此说明这两种试验方案条件下，添加砂土会降低碳酸钙沉淀率，因此添加砂土的 B 组的无侧限抗压强度低于未添加砂土的 A 组的值。而多掺试验方案下的 A10～A12 组与 B10～B12 组的碳酸钙沉淀率基本持平,究其原因可能是由于多掺后过多的无机结合料对脲酶诱导碳酸钙沉淀起到了抑制作用。

对比四种 EICP 联合不同无机结合料的试验方案的碳酸钙沉淀率可以看出,在 EICP 中只掺加水泥的 A1~A3 组试验方案的碳酸钙沉淀率最高,最低的是无机结合料掺加最多的 EICP 联合多掺试验方案,28 d 沉淀率最高只有 23.10%。因此,从提高碳酸钙沉淀率的角度而言,推荐使用 EICP 联合水泥综合处置泥炭。

本章小结

本章以高含水率、大孔隙比、富含有机质的泥炭为研究对象,通过掺加无机结合料,运用 EICP 方法以及将二者相结合对泥炭进行固化处理,将无侧限抗压强度值作为衡量固化效果的主要指标,得到的主要结论如下:

(1)随着水泥掺量的增加,水泥固化泥炭的无侧限抗压强度逐渐上升,当水泥掺量超过 15% 时,强度增长速率减缓。在水泥固化泥炭中再掺入适量的粉煤灰有助于提升 28 d 前的无侧限抗压强度,或掺入适量石膏有助于提升后期(60 d)的无侧限抗压强度,但掺入氢氧化钠、石灰虽然可以使无侧限抗压强度有一定的增加,但效果不显著。相比而言,掺入 15% 水泥和 8% 石膏固化泥炭时可取得最好的固化效果,此时 60 d 无侧限抗压强度为 75.77 kPa。

(2)与无机结合料单掺试验相比,多掺试验方案的无侧限抗压强度普遍有所增长,其中 20% 砂+12% 水泥+0.4% 氢氧化钠+4% 石膏+6.1% 石灰+16% 粉煤灰的试验方案对应的无侧限抗压强度最高,为 183.56 kPa。但此时固化剂的总掺量已高达 61.5%,无侧限抗压强度的增长不仅取决于固化剂的化学反应,用大量固化剂置换软弱泥炭也是其强度增长的原因。

(3)EICP 固化泥炭的适宜养护条件为室温(温度:20±2 ℃,湿度:45%~55%)养护 3 d+养护箱(温度:20 ℃±2 ℃,湿度:≥95%)养护 6 d。在尿素与氯化钙掺量固定时,无侧限抗压强度随脲酶掺量的增加而增长,但是当掺量超过脲酶最佳掺量时,强度增长会明显减缓。在脲酶掺量固定时,尿素与氯化钙按照 1∶1 掺加时,强度增长最高。在此基础上,增加尿素或氯化钙的掺量只能带来有限的强度增长,当掺量过高时甚至会带来负增长。

(4)单独使用 EICP 固化本文泥炭时脲酶∶尿素∶氯化钙的最佳掺量比为 0.14%∶3.43%∶6.29%,9 d 无侧限抗压强度为 137 kPa,碳酸钙沉淀率为 19.52%。

(5)EICP 联合 10% 水泥固化泥炭的无侧限抗压强度远高于单独使用 EICP 或水泥固化泥炭的强度。EICP 联合 10% 水泥固化泥炭 28 d 无侧限抗压强度为 379.28 kPa,而单独使用 EICP 或 10% 水泥固化泥炭时的无侧限抗压强度分别为 146.12 kPa(15 d)和 30.42 kPa

(28 d),联合后的无侧限抗压强度是分别单独使用时的 2.6 倍和 12.5 倍。

(6)EICP 联合多种无机结合料固化泥炭或 EICP 联合水泥固化泥炭时掺加砂土均不能使其无侧限抗压强度高于相同掺量时 EICP 联合水泥的强度。因此,建议优先选择 EICP 固化泥炭或 EICP 联合水泥固化泥炭,不推荐单独使用无机结合料(如水泥、水泥＋石灰、水泥＋粉煤灰等)固化泥炭或 EICP 联合水泥固化泥炭时掺加石膏、粉煤灰等其他材料。

参 考 文 献

[1] CAMERON C C,ESTERLE J S,PALMER C A. The geology,botany and chemistry of selected peat-forming environments from temperate and tropical latitudes[J]. International Journal of Coal Geology,1989,12(1/2/3/4):105-156.

[2] LAPPALAINEN E. Global peat resources[M]. Jyskä,Finland:International Peat Society,1996.

[3] 马学慧. 中国泥炭地碳储量与碳排放[M]. 北京:中国林业出版社,2013.

[4] MESRI G,AJLOUNI M. Engineering properties of fibrous peats[J]. Journal of Geotechnical and Geoenvironmental Engineering,2007,133(7):850-866.

[5] LEFEBVRE G,LANGLOIS P,LUPIEN C,et al. Laboratory testing and in situ behaviour of peat as embankment foundation[J]. Canadian Geotechnical Journal,1984,21(2):322-337.

[6] TASHIRO M,INAGAKI M,AKIRA ASAOKA. Prediction of and countermeasures for embankment-related settlement in Ultra-soft ground containing peat[C]//18th International Conference on Soil Mechanics and Geotechnical Engineering. Paris,2013.

[7] American Society of Testing and Materials. Standard classification of peat samples by laboratory testing[S]. 2017.

[8] American Society of Testing and Materials. Standard test method for laboratory determination of the fiber content of peat samples by dry mass:ASTM D1997-13[S]. ASTM International,1997.

[9] American Society of Testing And Materials. Standard test method for moisture,ash,and organic matter of peat and other organic soils[S]. 1989.

[10] ANDRIESSE J P,AGL. Nature and management of tropical peat soils[M]. Food & Agriculture Org.,1988.

[11] 中华人民共和国建设部. 岩土工程勘察规范:GB 50021—2001[S]. 北京:中国建筑工业出版社,2004.

[12] THOMPSON D K,WADDINGTON J M. Peat properties and water retention in boreal forested peatlands subject to wildfire[J]. Water Resources Research,2013,49(6):3651-3658.

[13] 黄昌勇,徐建明. 土壤学[M]. 3版. 北京:中国农业出版社,2010.

[14] LANDVA A O,PHEENEY P E. Peat fabric and structure[J]. Canadian Geotechnical Journal,1980,17(3):416-435.

[15] HUAT B B K,PRASAD A,ASADI A,et al. Geotechnics of organic soils and peat[M]. London:CRC Press,2014.

[16] ULUSAYR,TUNCAY E,HASANCEBI N. Geo-engineering properties and settlement of peaty soils at an industrial site(turkey)[J]. Bulletin of Engineering Geology and the Environment,2010,69(3):397-410.

[17] 纪青山,栾海,韩一波,等. 延边地区草炭土工程特性分析[J]. 吉林交通科技,2003(3):3-7.

[18] 刘冲宇. 延边地区草炭土湿地公路病害及防治对策研究[D]. 长春:吉林大学,2007.

[19] 韩玉民,王庆宽. 草炭土工程特性在公路建设中应用的研究[J]. 白城师范学院学报,2009,23(3):75-78.

[20] 黄俊. 南昆线七句泥炭土的工程岩土学特征[J]. 路基工程,1999(6):6-12.

[21] MOHAMMAD-AHMAD A. Geotechnical properties of peat and related engineering problems[D]. University of Illinois at Urbana-Champaign,2000.

[22] 胡东. 张承高速草甸土物理力学性质试验研究[J]. 公路交通科技(应用技术版),2016(1):20-22.

[23] 徐燕. 季冻区草炭土工程地质特性及变形沉降研究[D]. 长春:吉林大学,2008.

[24] 赵华,偶磊,梁兵. 吉林敦化地区草炭土的工程性质[J]. 岩土工程技术,2004,18(6):311-314.

[25] 冯瑞玲,吴立坚,沈宇鹏,等. 路堤下草甸土地基中应力分布规律研究[J]. 中国公路学报,2016,29(1):29-35.

[26] 毛文飞. 吉林省东部地区草炭土渗透特性研究及其应用[D]. 长春:吉林大学,2015.

[27] Elsayed A A. The characteristics and engineering properties of peat in bogs.[D]. Lowell:University of Massachusetts Lowell,2003.

[28] O'KELLY B C,ZHANG L. Consolidated-drained triaxial compression testing of peat[J]. Geotechnical Testing Journal,2013,36(3):20120053.

[29] DHOWIAN A W,EDIL T B. Consolidation behavior of peats[J]. Geotechnical Testing Journal,1980,3(3):105.

[30] 叶晨. 云南泥炭土渗透特性的试验研究[D]. 北京:北京交通大学,2020.

[31] 汪之凡,偶磊,吕岩,等. 草炭土的分解度和有机质含量对其渗透性的影响研究[J]. 路基工程,2017(1):18-21.

[32] SUTEJO A Y,DEWI R,HASTUTI Y,et al. Engineering properties of peat in ogan ilir regency[J]. Jurnal Teknologi,2016,78:7-3.

[33] 付坚. 高原湖相泥炭土渗透特性试验研究[D]. 昆明:昆明理工大学,2017.

[34] 许凯. 高分解度泥炭土的变形特性与控制[D]. 南京:东南大学,2017.

[35] 余志华. 高原湖相泥炭土固结压缩及卸荷回弹变形试验研究[D]. 昆明:昆明理工大学,2015.

[36] 桂跃,付坚,吴承坤,等. 高原湖相泥炭土渗透特性研究及机制分析[J]. 岩土力学,2016,37(11):3197-3207.

[37] BOELTER D H. Physical properties of peats as related to degree of decomposition[J]. Soil Science Society of America Journal,1969,33(4):606-609.

[38] WONG L S,HASHIM R,ALI F H. A review on hydraulic conductivity and compressibility of peat[J]. Journal of Applied Sciences,2009,9(18):3207-3218.

[39] MUNRO R. Dealing with bearing capacity problems on low volume roads constructed on peat:including case histories from roads projects within the ROADEX partner districts[J]. Inverness,Scotland:The Highland Council Transport,Environmental & Community Services,2004.

[40] MACCULLOCH F. Guidelines for the risk management of peat slips on the construction of low volume/low cost roads over peat[J]. The ROADEX Ⅱ Project,2006:46.

[41] EDIL T B. Recent advances in geotechnical characterization and construction over peats and organic soils[C]//Proceedings 2nd International Conference on Advances in Soft Soil Engineering and Technology. (Eds). Malaysia:Putrajaya. 2003.

[42] AL-RAZIQI A,HUAT B,Munzir H. Potential usage of hyperbolic method for prediction of organic soil settlement[C]//2nd Int. Conf. on Advances in Soft Soil Engineering and Technology. Malaysia:Putrajaya. 2003.

[43] 赵佳成. 路堤下泥炭土地基的沉降规律研究[D]. 北京:北京交通大学,2019.

[44] COLA S,CORTELLAZZO G. The shear strength behavior of two peaty soils[J]. Geotechnical & Geological Engineering,2005,23(6):679-695.

[45] 蒋忠信. 滇池泥炭土[M]. 成都:西南交通大学出版社,1994.

[46] 蒋忠信,陈国芳,张利民. 南昆线七旬泥炭土路基沉降的模拟分析[J]. 路基工程,1999(6):24-28.

[47] 中华人民共和国住房和城乡建设部. 土工试验方法标准:GB/T 50123—2019[S]. 北京:中国计划出版社,2019.

[48] 中华人民共和国交通运输部. 公路土工试验规程:JTG 3430—2020[S]. 北京:人民交通出版社,2020.

[49] 中华人民共和国铁道部. 铁路工程土工试验规程:TB 10102—2010[S]. 北京:中国铁道出版社,2010.

[50] LONG M,BOYLAN N. Predictions of settlement in peat soils[J]. Quarterly Journal of Engineering Geology and Hydrogeology,2013,46(3):303-322.

[51] CARLSTEN P. Geotechnical properties of peat and up-to-date methods for design and construction on peat. State of the Art Report[C]//International Conference on Peat. Tallinn. 1988.

[52] PENG B,FENG R L,WU L J,et al. Controlling conditions of the one-dimensional consolidation test on peat soil[J]. Applied Sciences,2021,11(23):11125.

[53] HANSON J L,EDIL T B,FOX P J. Stress-temperature effects on peat compression[M]//Soft Ground Technology. 2001:331-345.

[54] FOX P J,EDIL T B. Effects of stress and temperature on secondary compression of peat[J]. Canadian Geotechnical Journal,1996,33(3):405-415.

[55] MESRI G,GODLEWSKI P M. Time-and stress-compressibility interrelationship[J]. Journal of the Geotechnical Engineering Division,1977,103(5):417-430.

[56] MADASCHI A,GAJO A. One-dimensional response of peaty soils subjected to a wide range of oedometric conditions[J]. Géotechnique,2015,65(4):274-286.

[57] 彭博. 云南大理地区强泥炭质土固结特性的试验研究[D]. 北京:北京交通大学,2019.

[58] MESRI G,STARK T D,AJLOUNI M A,et al. Secondary compression of peat with or without surcharging[J]. Journal of Geotechnical and Geoenvironmental Engineering,1997,123(5):411-421.

[59] 韩世忠,李艳. 麝香草酚溶液对霉菌的控制[J]. 黑龙江科技信息,2004(3):114.

[60] 高彦斌,朱合华,叶观宝,等. 饱和软粘土一维次压缩系数C_α值的试验研究[J]. 岩土工程学报,2004,26(4):459-463.

[61] 桂跃,余志华,刘海明,等. 高原湖相泥炭土次固结特性及机理分析[J]. 岩土工程学报,2015,37(8):1390-1398.

[62] FENG R L, PENG B, WU L J, et al. Three-stage consolidation characteristics of highly organic peaty soil[J]. Engineering Geology, 2021, 294: 106349.

[63] 张益铭. 路堤下草甸土地基应力分布及极限承载力模型试验研究[D]. 北京: 北京交通大学, 2016.

[64] 韦康. 云南大理地区路堤下泥炭土地基沉降计算方法研究[D]. 北京: 北京交通大学, 2020.

[65] MACFARLANE C, LEE J B, EVANS M B. The qualitative composition of peat smoke[J]. Journal of the Institute of Brewing, 1973, 79(3): 203-209.

[66] 王方中. 人行桥沉降观测及下卧西湖泥炭质土性状研究[D]. 杭州: 浙江大学, 2013.

[67] 刘伟, 赵福玉, 杨文辉, 等. 安嵩线草海段泥炭质土的特征及性质[J]. 岩土工程学报, 2013, 35(增刊2): 671-674.

[68] 能登繁幸, 魏恕. 泥炭质软弱地基的沉降预测[J]. 路基工程, 1991(5): 59-66.

[69] MALINOWSKA E. Tertiary compression of polish peat[J]. Scientific Review Engineering and Environmental Sciences. 2016, 25: 507-517.

[70] BOSO M, GRABE J. Long term compression behaviour of soft organic sediments[M]//Springer Series in Geomechanics and Geoengineering. Berlin, Heidelberg: Springer Berlin Heidelberg, 2013: 249-254.

[71] CANDLER C, CHARTRES F. Settlement and analysis of three trial embankments on soft peaty ground[C]//Proc. 2nd Baltic Conf. on Soil Mech. and Fnd. Engrg. 1988.

[72] 冯瑞玲, 吴立坚, 王鹏程, 等. 新疆昭苏县草甸土的工程性质试验研究[J]. 岩土工程学报, 2016, 38(3): 437-445.

[73] Е М Сергеев 主编, 孔德坊等译. 工程岩土学[M]. 北京: 地质出版社, 1990.

[74] HOBBS N B. A note on the classification of peat[J]. Géotechnique, 1987, 37(3): 405-407.

[75] 赵朝发, 杨仲轩, 张珏, 等. 泥炭质土地基上人行木栈桥沉降监测及模拟[J]. 公路工程, 2014, 39(6): 86-90.

[76] 沈世伟, 佴磊, 徐燕. 准等时距QGM(1,1)模型分段预测法及其在草炭土路基沉降预测中的应用[J]. 吉林大学学报(地球科学版), 2011, 41(4): 1098-1103.

[77] TYURIN D A, NEVZOROV A L. Numerical simulation of long-term peat settlement under the sand embankment[J]. Procedia Engineering, 2017, 175: 51-56.

[78] TAN Y. Finite element analysis of highway construction in peat bog[J]. Canadian Geotechnical Journal, 2008, 45(2): 147-160.

[79] FOX P J, EDIL T B, LAN L T. C_α/C_c concept applied to compression of peat[J]. Journal of Geotechnical Engineering, 1992, 118(8): 1256-1263.

[80] 赵朝发. 泥炭质土物理力学特性、本构模拟及工程应用[D]. 杭州: 浙江大学, 2014.

[81] HAN Yumin, LIU Yanling, CHE Guowen. Research on settlement and deformation characteristics of peat soil roadbed[J]. Applied Mechanics and Materials, 2012, 246/247: 586-591.

[82] ACHARYA M P, HENDRY M T. A formulation for estimating the compression of fibrous peat using three parameters[J]. International Journal of Geomechanics, 2019, 19(1): 4018181-4018187.

[83] DEN HAAN E. A simple formula for final settlement of surface loads on peat[C]//Advances in Understanding and Modelling the Mechanical Behaviour of Peat. Delft, the Netherlands. 1994.

[84] 张留俊,黄晓明,王攀,等.泥炭的微观结构及工程性质[J].中国公路学报,2007,20(1):47-51,117.

[85] KOGURE K,AOYAMA M,黄俊.泥炭沉积物沉降的近似预测[J].路基工程,1998(1):77-82.

[86] 刘侃,杨敏.泥炭土的概念模型和一维固结理论分析[J].水利学报,2015,46(增刊1):225-230.

[87] SUSILA E, APOJI D. Settlement of a full scale trial embankment on peat in kalimantan: field measurements and finite element simulations[J]. Jurnal Teknik Sipil,2012,19(3):249.

[88] 陈赵慧.湖相沉积软土HSS模型参数及变形预测研究[D].昆明:昆明理工大学,2020.

[89] 李斗.滇池泥炭土微观结构特征及工程力学模型研究[D].昆明:昆明理工大学,2015.

[90] 李明明.岸边土体力学特性及本构关系的分析与研究:以泥炭土为例[D].昆明:昆明理工大学,2009.

[91] 付英杰.泥炭土率相关力学特性与本构模拟[D].郑州:中原工学院,2021.

[92] 吕岩.吉林省东部地区沼泽草炭土的结构特性及模型研究[D].长春:吉林大学,2012.

[93] 吕俊青.昆明盆地泥炭土流变特性与本构模型研究[D].昆明:昆明理工大学,2011.

[94] BRINKGREVE R,VERMEER P A,VOS E. Constitutive aspects of an embankment widening project [C]//Advances In Understanding and Modelling the Mechanical Behaviour of Peat:Proceedings of the International Workshop. Delft,Netherlands. 1994.

[95] SAMSON L,LA ROCHELLE P. Design and performance of an expressway constructed over peat by preloading[J]. Canadian Geotechnical Journal,1972,9(4):447-466.

[96] SAMSON L. Postconstruction settlement of an expressway built on peat by precompression[J]. Canadian Geotechnical Journal,1985,22(3):308-312.

[97] LEA N D,BRAWNER C O. Highway design and construction over peat deposits in lower british columbia[J]. Highway Research Record. 1963,7:1-32.

[98] KARUNAWARDENA A,TOKI M. Performance of highway embankments constructed over sri lankan peaty soils[J]. International Journal of Integrated Engineering. 2014,6(2):75-83.

[99] D A,M R. Embankments with Special Reference to Consolidation and Other physical Methods[D]. Butterworth-Heinemann Oxford,UK:2015.

[100] 刘声钧.堆载预压-固结排水泥炭土地基处理技术应用研究[D].昆明:昆明理工大学,2021.

[101] ASADI A. Electro-osmotic properties and effects of ph on geotechnical behaviour of peat[D]. Universiti Putra Malaysia,2010.

[102] 傅栋梁,刘力英,李翔.昆明滇池泥炭土地区道路预应力管桩复合地基设计与应用[J].中国市政工程,2015(4):50-53,101.

[103] 李波,张建平,杨蕾.振动沉管碎石桩加固软土地基的效果评价[J].科学技术与工程,2010,10(19):4835-4838.

[104] 张帆,李向红,孙伟,等.深层搅拌桩加固昆明泥炭质土的试验研究[J].建筑施工,2020,42(6):1069-1071.

[105] 薛晓辉,梁小勇,欧阳志.挤密碎石桩在加固泥炭土地基中的应用[J].石家庄铁路职业技术学院学报,2010,9(2):1-4.

[106] 谢本怡,叶遇春,雷才波,等.CFG桩复合地基在泥炭土地基市政工程中的应用[J].工程建设与设计,2020(20):23-24,41.

[107] 赛湖北. 南昆线泥炭土地基加固处理试验与分析[J]. 铁道建筑技术,1995(1):17-19.

[108] 曾田胜,许发明,谭祥韶,等. 双向水泥搅拌法在高填路堤泥炭质土地基中的应用[J]. 地基处理,2020(2):105-110.

[109] 薛元,崔维秀,封志军,等. 滇池地区铁路软土地基加固处理技术[J]. 铁道工程学报,2015,32(8):35-40.

[110] 谢宝珊,王春明,张向东. 水泥砂浆多向桩复合地基加固泥炭土地基试验研究[J]. 路基工程,2014(3):116-119.

[111] YUSOF Z M. Strength characteristics of pond ash-hydrated lime admixture treated peat soil[C]//IOP Conference Series:Materials Science and Engineering. IOP Publishing,2020.

[112] FATNANTA F,SATIBI S,MUHARDI. Bearing capacity of helical pile foundation in peat soil from different,diameter and spacing of helical plates[J]. IOP Conference Series:Materials Science and Engineering,2018,316:012035.

[113] WANG JING Wei,PAN W,JIANG Z Yin. Research on the formulas for stabilizers of the dian lake peat soil[J]. Advanced Materials Research,2014,971/972/973:2131-2135.

[114] MOHAMED JAIS I B,ABDULLAH N,MD ALI M A,et al. Peat modification integrating geopolymer and fly ash[J]. IOP Conference Series:Materials Science and Engineering,2019,527(1):012021.

[115] ABDEL-SALAM A E. Stabilization of peat soil using locally admixture[J]. HBRC Journal,2018,14(3):294-299.

[116] A D,Ahmad K A N. I. Influence of natural fillers on shear strength of cement treated peat[J]. Journal of the Croatian Association of Civil Engineers,2013,65(7):633-640.

[117] WONG LS. Unconfined compressive strength performance of cement stabilized peat with rice husk ash as a pozzolan[J]. Applied Mechanics and Materials,2014,567:545-550.

[118] MD ZAIN N H,ZULASTRY M I. compressive strength of peat soil treated with waste tyre granules[M]//Lecture Notes in Civil Engineering. Singapore:Springer Singapore,2020:185-192.

[119] AHMAD J,ABDUL RAHMAN A S,MOHD ALI M R,et al. Peat soil treatment using POFA[C]//2011 IEEE Colloquium on Humanities,Science and Engineering. December 5-6,2011,Penang,Malaysia. Piscataway,NJ,USA:IEEE,2012:66-70.

[120] PAUL A,HUSSAIN M. Cement stabilization of indian peat:an experimental investigation[J]. Journal of Materials in Civil Engineering,2020,32(11):4020350.

[121] WONG L S,HASHIM R,ALI F. Utilization of sodium bentonite to maximize the filler and pozzolanic effects of stabilized peat[J]. Engineering Geology,2013,152(1):56-66.

[122] 郑鹏飞. 水泥-废石膏加固泥炭土地基分析[J]. 交通世界,2011(15):152-154.

[123] BINH V N,QUYNH D T. Use of sodium silicate in combination with cement for improving peat soil in mekong river delta vietnam[J]. International Journal of Innovative Technology and Exploring Engineering,2021,10(4):52-56.

[124] 蒋卓吟,李琴. 固化滇池泥炭土抗压强度的实验研究[J]. 硅酸盐通报,2018,37(10):3193-3196,3205.

[125] SCHOLL MARTHA A,MILLS AARON L,HERMAN JANET S,et al. The influence of mineralogy and solution chemistry on the attachment of bacteria to representative aquifer materials[J]. Journal of Contaminant Hydrology,1990,6(4):321-336.

[126] DEJONG J T,FRITZGES M B,NÜSSLEIN K. Microbially induced cementation to control sand response to undrained shear[J]. Journal of Geotechnical and Geoenvironmental Engineering,2006,132(11):1381-1392.

[127] NEMATI M. Modification of porous media permeability, using calcium carbonate produced enzymatically in situ[J]. Enzyme and Microbial Technology,2003,33(5):635-642.

[128] VAN PAASSEN LA,DAZA C M,STAAL M,et al. Potential soil reinforcement by biological denitrification[J]. Ecological Engineering,2010,36(2):168-175.

[129] CANAKCI H,SIDIK W,KILIC I H. Bacterail calcium carbonate precipitation in peat[J]. Arabian Journal for Science and Engineering,2015,40(8):2251-2260.

[130] HATA T,SATO A. Evaluation of the Enzyme-based ground improvement technique for peat[J]. Journal of the Society of Materials Science,Japan,2016,65(1):80-83.

[131] RAMADHAN MR,PUTRA H. Evaluation of carbonate precipitation methods for improving the strength of peat soil[J]. IOP Conference Series:Earth and Environmental Science, 2021, 622(1):012032.

[132] MD ZIN N,QURSYNA BOLL KASSIM N. Recycling rubberwood bark wastes into biochar to enhance chemical properties of peat soils[J]. IOP Conference Series:Materials Science and Engineering,2020,917(1):012012.

[133] 桂跃,吴承坤,刘颖伸,等. 利用微生物技术改良泥炭土工程性质试验研究[J]. 岩土工程学报,2020,42(2):269-278.